新编21世纪高等职业教育精品教材
婴幼儿托育服务与管理系列

校企“双元”合作新形态教材

微课版

婴幼儿行为观察、记录与评价

主　编／刘　芳　张　潺　于　星　李　浩
副主编／徐　伟　王美云　张爱红　常健伟

中国人民大学出版社
·北京·

图书在版编目（CIP）数据

婴幼儿行为观察、记录与评价 / 刘芳等主编. -- 北京：中国人民大学出版社，2023.1

新编 21 世纪高等职业教育精品教材. 婴幼儿托育服务与管理系列

ISBN 978-7-300-30626-1

Ⅰ. ①婴… Ⅱ. ①刘… Ⅲ. ①婴幼儿－行为分析－高等职业教育－教材 Ⅳ. ① B844.11

中国版本图书馆 CIP 数据核字（2022）第 087588 号

新编 21 世纪高等职业教育精品教材·婴幼儿托育服务与管理系列

婴幼儿行为观察、记录与评价

主　编　刘　芳　张　潺　于　星　李　浩

副主编　徐　伟　王美云　张爱红　常健伟

Yingyou'er Xingwei Guancha Jilu yu Pingjia

出版发行	中国人民大学出版社		
社　址	北京中关村大街 31 号	邮政编码	100080
电　话	010－62511242（总编室）		010－62511770（质管部）
	010－82501766（邮购部）		010－62514148（门市部）
	010－62515195（发行公司）		010－62515275（盗版举报）
网　址	http://www.crup.com.cn		
经　销	新华书店		
印　刷	中煤（北京）印务有限公司		
开　本	787 mm × 1092 mm　1/16	版　次	2023 年 1 月第 1 版
印　张	16	印　次	2025 年 1 月第 4 次印刷
字　数	305 000	定　价	49.00 元

前 言

婴幼儿行为观察、记录与评价具有非常强的理论性和实践性，是婴幼儿托育服务与管理专业、早期教育专业和学前教育专业课程体系中的专业课程，通过专门研究婴幼儿行为的意义，并依据外部行为表现的观察与记录，对婴幼儿的动作发展、认知发展、语言发展、情绪与社会性发展、游戏活动和日常生活进行专业观察、记录与分析评价，为促进婴幼儿全面发展提供科学指导。

党的二十大报告提出，“深入贯彻以人民为中心的发展思想，在幼有所育、学有所教、劳有所得、病有所医、老有所养、住有所居、弱有所扶上持续用力，人民生活全方位改善。”同时还强调要“推进教育数字化，建设全民终身学习的学习型社会、学习型大国。”

婴幼儿行为观察、记录与评价是保教工作者必备的基本技能，也是促进保教工作专业发展的有效途径。婴幼儿行为观察、记录与评价要求保教工作者掌握这些技能：科学记录和分析婴幼儿的行为；科学分析不同年龄阶段婴幼儿的行为特点；科学解读婴幼儿的行为和行为变化；科学推测婴幼儿行为背后的想法，运用科学方法及时满足婴幼儿的个性化需求；科学评价婴幼儿，使婴幼儿达到发展的目标；及时发现婴幼儿的异常行为，尽早干预。保教工作者只有掌握婴幼儿行为观察、记录与评价的技能，才能胜任岗位工作，与婴幼儿形成良好的互动关系，进而达到保育教育目的，促进婴幼儿全面发展。

同时，婴幼儿行为观察、记录与评价的过程是保教工作者参与研究的过程，而参与研究是保教工作者专业发展最重要且有效的途轻之一。保教工作者将观察、记录与评价婴幼儿的行为作为自己参与研究、改进保育教育的手段，能反思自己的教育理念和保教行为，感悟和提升自己的保育教育能力，促进专业素养提升。

本教材遵循《国务院办公厅关于促进 3 岁以下婴幼儿照护服务发展的指导意见》（国办发〔2019〕15 号）、《托儿所幼儿园卫生保健工作规范》、《托育机构保育指导大纲（试行）》、《托育机构负责人培训大纲（试行）》、《托育机构保育人员培训大纲（试行）》等政策文件要求，按照“理实一体化”“做中学、做中教”等职业教育理念编写而成。本教材共分八个项目：认识婴幼儿行为观察、记录与评价，0～3岁婴幼儿动作发展观察、记录与评价，0～3岁婴幼儿认知发展观察、记录与评价，0～3岁婴幼儿语言发展观察、记录与评价,0～3岁婴幼儿社会性发展观察、记录与评价，3～6岁幼儿日常生活观察、记录与评价，3～6岁幼儿学习与发展观察、记录与评价，3～6岁幼儿游戏行为观察、记录与评价。在学习内容选择方面，注重实用性、科学性、权威性和前沿性，满足高职学生的学习需求。在编写体例上，突出职业教育特点，采用活页式，并有机融入职业道德、职业理想等课程思政元素。每个项目开头设有项目概述和学习目标，力图使任课教师和学生清晰地了解本项目的学习内容和知识逻辑，运用合适的教学方法或学习方法有针对性地教授或把握重点学习内容。在介绍具体的学习内容之前，都以案例进行导入，激发学生的学习兴趣。通过课前自学、自学自测让学生主动掌握项目基本知识，通过课中实训发布系列任务实现做中学、学中做。每个项目的结束部分设有课后提升、拓展资源、考核评价，以巩固学习效果。

本教材由济南职业学院刘芳主持开发、确立教材体例和项目内容，由刘芳、张潺、于星、李浩担任主编，徐伟、王美云、张爱红、常健伟担任副主编，申亚楠、王华参与编写。刘芳负责教材的修改和统稿工作。本教材各项目编写分工如下：项目一、项目七由济南职业学院刘芳副教授和山东女子学院徐伟教授共同编写，项目二、项目五由济南职业学院学前理论教研室主任张潺和济南市儿童医院王美云共同编写，项目三、项目四由东营经济开发区东凯第二小学于星和枣庄科技职业学院张爱红共同编写，项目六、项目八由济宁职业技术学院李浩和卓爱婴幼园常健伟共同编写，济南职业学院申亚楠、王华为本教材制作了课件、微课等配套资源。

为适应托幼一体化人才培养需求，本教材以0～3岁婴幼儿行为观察、记录与评价为主，兼顾3～6岁幼儿行为观察、记录与评价，教师可以根据人才培养需要选取相应章节进行授课。本书可作为高职院校婴幼儿托育服务与管理专业、早期教育专业和学前教育专业教材，也可作为托育机构从业人员的参考用书，同时可供0～6岁婴幼儿的家长进行学习。

本教材在编写过程中，引用了诸多国内外相关专著、教材和论文，在此向相关作者表示感谢！本教材在编写过程中得到了中国人民大学出版社的大力支持，在此一并表示感谢！

编者

目 录

二维码资源索引

项目一

项目二

项目三

项目四

项目五

项目六

项目七

项目八

项目一

认识婴幼儿行为观察、记录与评价

项目概述

婴幼儿行为观察、记录与评价是保教工作者必备的基本技能，也是促进其专业发展的有效途径。婴幼儿行为观察、记录与评价要求保教工作者掌握这些技能：科学记录和分析婴幼儿的行为；科学分析不同年龄阶段婴幼儿的行为特点；科学解读婴幼儿的行为和行为变化；科学推测婴幼儿行为背后的想法；运用科学方法及时满足婴幼儿的个性化需求；科学评价婴幼儿，使婴幼儿达到发展的目标。保教工作者只有掌握婴幼儿行为观察、记录与评价的技能，才能胜任保教岗位工作，与婴幼儿形成良好的互动关系，进而达到教育目的，促进婴幼儿发展。

本项目重点学习婴幼儿行为观察、记录与评价的内涵、意义，婴幼儿行为观察与记录的方法，婴幼儿行为评价与指导的理论依据。同时完成具体的实训任务：婴幼儿行为观察、记录与评价的基本步骤，婴幼儿行为观察与记录，婴幼儿行为评价与指导。

学习目标

素质目标

1. 树立科学的儿童观、评价观。
2. 具有问题意识、研究意识以及严谨的科学态度。
3. 形成良好的伦理道德意识。
4. 培养保教工作者的责任感和使命感。

知识目标

1. 理解行为、观察、婴幼儿行为观察的内涵。

2. 理解婴幼儿行为观察、记录与评价的意义。

3. 掌握婴幼儿行为观察与记录的方法和注意事项。

4. 掌握婴幼儿行为评价与指导的理论依据。

5. 掌握婴幼儿行为观察、记录的准备和观察、记录过程中的注意事项。

能力目标

1. 能够根据观察者应具备的基本素质有目的地做好观察准备。

2. 能够根据观察目的选择合适的观察方法及制订观察计划。

3. 能够根据行为观察、记录与评价的实施要点和理论依据做好观察、记录与评价的准备。

案例先导

小洁是某托育园刚刚入职一年的老师，她负责的班里有一名刚入园三周的孩子，年龄在2岁左右，这个孩子入园前可以自己在家里使用卡通马桶大小便，但入园后每天都会尿湿裤子好几次，甚至有一次还将大便拉到裤子里。小洁尝试与孩子沟通，可是孩子只是哭；家长也表示不理解，认为小洁没有尽心尽力照顾好刚入园的孩子。小洁帮孩子清洁身体、换洗衣物、安抚情绪，大大增加了工作量。这种情况让小洁身心疲惫，同时也产生了很强的挫败感。那么，怎样才能帮助小洁走出现在的困境呢？

课前自学

一、婴幼儿行为观察、记录与评价的内涵

（一）行为的内涵

一般认为，行为有狭义和广义之分。

狭义的行为，是指个体的言行和举动，是表现在外而且能被直接观察、描述、记录或测量的活动。比如一个孩子吃饭、喝水、大笑、哭泣、爬行、跳跃等活动都是行为，这些都是个体表现在外而且能被别人直接观察、描述、记录或测量的活动。

这些活动不但可以由别人直接观察到，而且可以利用一些设备，例如录音机、摄像机、计时表等记录下来，再加以分析研究和处理。

广义的行为，是指人的行为不只限于直接观察到的、可见的外在活动，还包括以外在行为为线索，间接推断可得的内在的心理活动和心理过程。前述对行为的狭义理解，即可以被观察、被描述、被记录或被测量的行为，其实只能代表被观察者个人行为的一小部分，而并非全部。这部分是观察者可以收集到的事实，也是观察者可以用来对被观察者的内心进行推断的依据。同时，被观察者的行为还有其他不可能由观察者直接收集到的部分，包括被观察者的个性、思维、情绪、意愿等，必须通过反映行为事实的资料来假设、猜想、评估或推测。因此，所谓的“行为”就不只限于直接观察可见的外在活动，还包括以外在行为为线索、间接推论的内在的心理活动和心理过程，这就是对广义行为的解释。

（二）观察的内涵

观察是指通过人的感官，从周围环境中获得信息，并进行组织、说明的过程。观察可以分为两大类型，即一般观察（日常生活中的观察）和专业观察（作为科学研究手段的观察）。

1. 一般观察

所谓一般观察，就是我们在日常生活中的观察，所以一般观察也可以称为日常观察，它是区别于作为科学研究手段的专业观察而言的。在日常生活中，我们随时都在观察：用眼睛去看，用耳朵去听，用鼻子去闻……

通过日常生活中的一般观察，我们能够收集到大量的现象和信息，丰富我们的经验储备，但是这些信息是零散的，往往具有主观性和偶然性，并不能说明根本问题。日常生活中，我们的观察常常是由好奇引起的，因此，大多数日常生活中的一般观察并没有预先设定观察目的。由于日常观察是随机发生的，因此在这些观察发生时，我们可能只注意到了事物、现象或人的行为的某个方面，或者是某些片段，而错过了另一些互有联系的现象、行为或片段。有时候所观察到的事实只是偶发事件或是特殊背景下的行为，不能代表被观察者的真实状况。

2. 专业观察

相对于一般观察，专业观察是为了职业要求或科学研究而进行的，是指观察者通过感官或辅助仪器，有目的、有计划地对自然状态下发生的现象或行为进行系统、连续的考察、记录、分析，从而获取事实材料的过程。

专业观察的目的性，表现为某项（次）观察所要解决的问题和需要获取的资料是预先确定的，并对所要观察的问题或变量做出明确的操作性定义。明确观察目的，是专业观察的基本要求。专业观察的计划性是指对观察活动的时间、顺序、过程、对象、设备、记录方法和材料等都有预先的计划、安排和准备。这些计划安排可以使观察的效率和质量得以提高。在日常生活中，人通过一般观察所收集到的资料往往是有限的、零散的。而专业观察需要收集多方面的客观资料，并针对目的来追求正确的判断，因此要通过专业的方法去收集、记录、分析事实资料，并且以尽可能小的误差做出解释。为使获取的事实更具有客观性，在收集资料的过程中，可以使用仪器、工具等来记录和保存事实资料，以保持事实的原貌，不加以任何扭曲。专业观察在收集了多方面的资料以后，还要对客观的资料进行缜密的分析、归纳、推理、假设等思考过程。在观察过程中所做的判断可能只是暂时的假设，还需要再去收集客观事实来验证。

因此，专业观察就不是日常生活中观察的“事实获取→主观判断”那么简单、单一的过程，而是这两者不断来回往复，形成一个“事实获取→主观判断→事实获取→主观判断”的重复来回的过程，直到根据收集到的事实所做的主观判断得到满意有效的解释为止。在主观判断的过程中，观察者需要运用创造性思考和批判性思考，使对事实的解释符合理性的或逻辑的要求。一般认为，专业观察才是可信的。

（三）婴幼儿行为观察、记录的内涵

婴幼儿行为观察、记录，是对婴幼儿进行的专业观察、记录，是在了解婴幼儿行为的基础上，获取对他们的个性、兴趣、需要等不同方面的了解，从而调整教育行为和教育策略。

1. 婴幼儿行为观察、记录是在自然条件下进行的

为了了解婴幼儿的行为所代表的真实意义，对婴幼儿行为的观察、记录一定要在自然状态下进行。所谓自然状态，也就是对所观察的现象或行为不加以任何人为的控制，使其以本来的面目客观地呈现出来。例如，观察、记录婴幼儿生活自理情况，就应该在婴幼儿日常饮食、如厕、穿脱衣服等过程中，并且是在其熟悉的环境中进行。

2. 婴幼儿行为观察、记录是一种有目的、有计划、有一定控制的研究方式

虽然对婴幼儿行为的观察、记录是在自然状态下进行的，但是这并不等于对婴幼儿行为的观察、记录能完全顺其自然。作为科学研究的方法之一，观察的过程不能完全顺其自然而毫无控制，尤其是在比较正式的观察方法中，为了尽量地减少误差，增强结论的可靠性，观察者应当对观察的步骤、途径、方式等进行一定的控制。因此，婴幼儿行为观察、记录要解决什么问题、获取什么资料等都应当是预先决定的，这表现为观察活动的时间、顺序、过程、对象、仪器、记录方法等大多是事先计划好的，并要对所要观察的问题做出明确的操作性定义。也就是说，观察者应当将观察步骤、途径、方式等在一定程度内纳入控制，例如观察什么、用什么方式方法进行观察、在什么时间观察、在什么地点观察、怎样观察、如何记录等。

3. 婴幼儿行为观察、记录需要多方收集客观资料

对客观事实的了解除了运用观察者的感官之外，还可以运用各种能够帮助收集观察对象资料的仪器或工具，这些仪器或工具运用的目的只有一个，那就是尽可能使观察到的事实以原貌被保存下来。也就是说，收集客观资料的途径有两个：一是运用人的感官来收集资料；二是运用各种能够帮助收集观察对象资料的仪器或工具来收集资料。因此，观察过程中的记录（各种方式的）尤为重要。在观察过程中进行记录时，要把对行为的客观描述和对这些行为的主观解释与评价严格地区分开来。无论采用的是什么记录方法（人工的或其他的），都要强调其客观性，保持其原貌，不加以任何扭曲或随意的猜想。

综上所述，婴幼儿行为观察、记录是通过感官或者仪器，有目的、有计划地对自然状态下发生的婴幼儿行为进行观察、记录，从而获取事实资料的过程。

（四）婴幼儿行为评价的内涵

婴幼儿行为评价是指在充分观察婴幼儿的基础上对婴幼儿的行为进行分析，评价其发展水平或存在的问题，为制定和调整保教方案、科学指导婴幼儿、促进婴幼儿发展提供依据；同时，及时发现行为异常的婴幼儿，交由专业人士及时进行干预。婴幼儿行为评价通常是一个“观察→分析→评价→指导→再观察→再分析→再评价→再指导”的循环往复的过程。

二、婴幼儿行为观察、记录与评价的意义

（一）理解需求，促进交流

通过观察，我们不但可以了解婴幼儿在言语表达、身体动作、社会性等认知与能力方面的发展状况，还可以通过对婴幼儿外部行为特征的分析，深入了解婴幼儿的心理状况。一般来说，婴幼儿的心理变化往往能通过语言、表情、动作等方式表露出来。充分理解婴幼儿的需要，才能真正实现良好的沟通交流，这是做好日常照护的基础，也是做好心理照护和早期教育的前提。

（二）评估水平，促进发展

通过行为观察、记录与评价，我们可以了解婴幼儿的发展水平，并对其做出科学的评价，促进婴幼儿发展目标的达成。

首先，通过观察、记录与评价可以了解婴幼儿的经验获得水平。保教工作者深入孩子中去观察他们的言行，倾听他们的交谈，就能不同程度地了解近阶段婴幼儿所获得的各种经验内容、经验的来源及经验对婴幼儿产生的影响。

其次，通过观察、记录与评价可以了解婴幼儿能力的发展水平。对婴幼儿能力

发展水平的了解，一般是采取等级评定考察和观察两种途径，但是对保教工作者来说，观察比正式的等级评定考察要简便易行，而且它能更真实地反映婴幼儿的客观状况，能帮助我们更全面地了解婴幼儿的能力发展水平。

再次，通过观察、记录与评价可以了解婴幼儿的心理需要。婴幼儿行为观察、记录与评价不但可以使我们了解婴幼儿在身体动作、言语表达、情感与社会性等方面的发展状况，还可以让我们通过对婴幼儿外部行为特征的分析，深入了解婴幼儿的心理状况，为做好保育工作提供依据。

最后，通过观察、记录与评价还可以了解婴幼儿个体的学习方式。要满足婴幼儿在活动中的不同需要，就必须通过认真细致的观察，了解婴幼儿的兴趣以及他们是如何和同伴交往、如何与材料相互作用、如何表达自己的经验等个体的学习特点，然后根据婴幼儿的个体特点实施有效的教育。

（三）发现异常，及时干预

婴幼儿行为观察、记录与评价有利于及时发现婴幼儿的异常行为，以便能及时采取科学的干预措施。通过行为观察，我们可以尽可能早地发现婴幼儿身心发育的异常，如注意力缺陷综合征、孤独症、神经发育迟缓、脑瘫、语言发育迟缓、耳聋等疾病，从而及时采取合理的干预措施，使婴幼儿得到更好的发展。

（四）提升素养，拓展技能

婴幼儿行为观察、记录与评价是保教工作者必备的基本技能。婴幼儿行为观察、记录与评价要求保教工作者做到：科学记录和分析婴幼儿的行为；掌握不同年龄阶段婴幼儿的行为特点；科学解读婴幼儿的行为和行为变化；科学推测婴幼儿行为背后的想法；运用科学方法，及时处理婴幼儿的个性化需求；科学评价婴幼儿，促进婴幼儿发展目标的达成。保教工作者只有掌握婴幼儿行为观察、记录与评价的技能，才能胜任保教岗位工作，与婴幼儿形成良好的互动关系，进而达到保教目的，促进婴幼儿发展。

同时，婴幼儿行为观察、记录与评价的过程也是一个参与研究的过程，而参与研究是促进专业发展最重要且最有效的途径之一。保教工作者将观察婴幼儿作为自己参与研究、改进保教工作的手段，有助于反思自己的教育理念和保教行为，提升自己的保教能力。要成为一名优秀的反思型的保教专家，观察婴幼儿、了解婴幼儿是基础。保教工作者可以利用观察方法、观察工具进行观察，获得有关的资料，通过对所收集资料的分析，反思自己的保教活动实践从而获得实践知识，吸取他人的经验，改进自己的保教技能，提升自己的专业素养。

（五）有的放矢，优化管理

婴幼儿行为观察、记录与评价有利于托幼机构更好地组织保教工作。托幼机构的保教活动是有目的、有计划的保育教育过程，保教计划应当将当前婴幼儿自身的需要和未来发展、社会需要三者结合起来。要使保教工作满足婴幼儿的需要和兴趣，为婴幼儿提供一个能够让他们自由游戏和发展的空间，其中很重要的一点就是要观察婴幼儿、了解婴幼儿。在保教过程中，有目的、有计划地观察婴幼儿，关注婴幼儿的谈话、讨论、对某些事物和事件的反应，了解他们的需求和兴趣所在，将婴幼儿发展、婴幼儿的需求和兴趣以及社会需要紧密结合，才能将保教工作做好。

（六）指导家庭，科学养育

掌握一定的婴幼儿行为观察知识也是家长科学育儿的有效途径。家长要实现科学育儿，也应当掌握一定的婴幼儿行为观察知识，这既有利于做好婴幼儿的日常照护，也有利于通过科学的家庭教养促进婴幼儿的身心发展。

三、婴幼儿行为观察与记录的方法

常见的婴幼儿行为观察与记录方法主要包括叙述的方法（日记描述法、轶事记录法和实况详录法）、取样法（时间取样法和事件取样法）、行为检核法、等级评定量表法和数码影音工具辅助法等。

（一）日记描述法

日记描述法又称儿童传记法，指在对同一个或同一组儿童长期反复的观察过程中，以日记形式对儿童的行为表现进行描述的方法。

学堂在线
日记描述法
概述及举例

学堂在线
日记描述法
参考格式

（二）轶事记录法

“轶事”是指独特的事件。轶事记录法是指观察者将感兴趣的，并且认为有价值、有意义的行为和反应，以及可表现婴幼儿个性的行为事件，用叙述性的语言随时记录下来，供日后分析用的一种观察方法。

轶事记录可以让保教工作者在实践中兼顾全体婴幼儿和个体婴幼儿的观察。保教工作者可以在和婴幼儿互动后，将自己观察到的比较特殊的婴幼儿行为事件记录下来；可以记录不同的对象，那些行为比较特殊的婴幼儿被记录的可能性较大，当一般婴幼儿出现比较突出的行为时，也可能成为轶事记录的主角。

轶事记录法要特别注意记录的完整性，不仅要记录观察对象的行为、言谈，还要记录该婴幼儿行为发生的情境以及与之联系的其他在场婴幼儿的活动，记录的词句要准确、客观，如实反映情况。

（三）实况详录法

实况详录法从日记描述法和轶事记录法发展而来，是早期研究婴幼儿的一种有效手段，指在一段时间内（如一个小时或半天内）持续地、尽可能详细地记录被观察者所有的行为表现，包括目标婴幼儿自身的全部言行、目标婴幼儿与环境及他人的相互作用与交往情况，然后对所收集的原始资料进行分类并综合分析的方法。

观察者的目的在于客观而详细地记录婴幼儿所有的行为表现，描述时不加任何主观推断、解释与评价。实况详录法对记录的要求较高，如果记录需要较长时间，应该由几个观察者轮流进行，最好能用摄像机把现场实况记录下来再做处理。

学堂在线
轶事记录法概述

学堂在线
常见轶事记录表示例

学堂在线
实况详录法概述及举例

（四）时间取样法

学堂在线
时间取样法概述及举例

时间取样法是指以一定的时间间隔为取样标准来观察记录预先确定的行为是否出现以及出现次数的一种观察方法。即以时间为选择标准，观察和记录婴幼儿在特定时间内出现的行为，主要记录行为呈现与否、呈现的频率及持续时间。

时间取样法有两个限定条件：一是要观察的行为必须经常出现，频率较高，不低于每 15 分钟 1 次；二是必须是外显的容易被观察到的行为。

运用时间取样法，研究者需要预先选择要观察研究的行为——目标行为，并对行为进行分类，同时规定操作定义并编码。所谓规定操作定义，即确定观测指标，指对需要观察或测定的行为给予具体详细的说明、规定，确定行为测量与观察记录的客观标准。

运用时间取样法，研究者还需要预先确定观察的时间结构和记录形式。要依据观察目的，决定记录哪类指标，如行为呈现与否或行为呈现频率、行为持续时间。时间取样法的记录形式有两种：一种是查核记号，打钩（“√”），记录行为的出现与否；另一种是记录记号，画“正”等，记录在限定的时间间隔内，行为出现的次数或频率。

（五）事件取样法

事件取样法是指以预先选取的行为或事件为观察样本，对某些特定行为或完整事件进行观察记录的方法。

事件取样法与时间取样法的主要区别是：时间取样法获取的资料重在行为事件的存在，而事件取样法则侧重行为事件的特点、性质，以此作为观察者关注的中心，时间在这里仅仅是说明事件持续等特点的一个因素。事件取样法不受时间的限制，因而研究的范围更加广泛。

学堂在线

事件取样法概况及举例

（六）行为检核法

行为检核法是指事先将要观察的行为项目排列成清单式的表格，然后通过观察，检查核对该行为是否出现的一种方法。一般来说，记录的方式是二选一，即用“有”或“无”、“是”或“否”来提醒我们观察目标的行为。行为检核法实用简便，不受情境的限制，可随时进行记录，是最常用的婴幼儿行为观察记录方法之一。行为检核法可用来记录一群婴幼儿某一方面的行为能力，也可用来观察个别婴幼儿。行为检核表可以用于对婴幼儿行为的现场观察，也可以用于非现场观察。

学堂在线

行为检核法概述及举例

（七）等级评定量表法

等级评定量表法是一种较为简单的观察测量法，能够把观察所得的印象数量化。等级评定量表法是指在观察对象后，对其行为所达到的水平进行评定，并判断其行为质量高低的一种方法。等级评定量表法为我们提供了快速、方便地概括出观察印象的途径。

学堂在线

等级评定量表法概况及举例

（八）数码影音工具辅助法

随着科技的不断发展和相机、摄像机、手机等数码影音工具的普及，录音、录像、照相等手段在婴幼儿行为观察、记录中的应用越来越广泛，逐渐成为行为观察、记录中越来越重要的辅助手段。

学堂在线

数码影音工具辅助记录及注意事项

四、婴幼儿行为评价与指导的理论依据

我们在评价、分析、指导婴幼儿行为时，通常以常模法和各种理论流派为基础。基于不同的理论，对婴幼儿行为进行指导的原则与方法也不尽相同。通常认为，源

自各种理论的诸多方法的综合使用对婴幼儿行为培养、干预与塑造最为有效。

（一）婴幼儿发展常模及年龄特点

掌握婴幼儿发展常模及年龄特点，可以帮助我们评价婴幼儿的发展水平，确定指导目标。

（1）2017 年 10 月，中国国家卫生和计划生育委员会发布了《0 ～ 6 岁儿童发育行为评估量表》，自 2018 年 4 月起实施。量表非常详细地描述了每个月龄段孩子所需具备的能力，共包含 261 个指标，覆盖大运动、精细动作、适应能力、语言和社会行为 5 个方面的内容，为婴幼儿行为评价提供了重要依据。

（2）英国的儿童发展常模列表中提出了行为指导依据，涉及 0 ～ 3 岁婴幼儿教育框架、英国基础阶段课程、英国国家课程及不同心理学派代表人物的观点，也是婴幼儿行为评价和指导的重要参考。

（3）《3 ～ 6 岁儿童学习与发展指南》为我们提供了适合我国儿童的评价参考标准，同时也给出了详尽的指导目标和教育建议，具有非常大的指导意义和参考价值。

学堂在线

0 ～ 6 岁儿童发育行为评估量表

学堂在线

《儿童发展常模列表》（英国）

学堂在线

《3 ～ 6 岁儿童学习与发展指南》

（二）儿童行为分析指导的主要理论流派

1. 认知主义理论流派

皮亚杰（Jean Piaget）提出了儿童认知发展的阶段，以及道德发展的阶段，奠定了认知理论的基础。皮亚杰认为，学习就是转变旧的经验、建立新的经验以发展新知识的过程。儿童的学习来自对自己的动作和对自身所处环境的探究。因此，教师要以归纳推理培养儿童逻辑思考的潜能及自主性。通过逻辑及推理，教师可以帮助儿童了解他们的行为对他人的影响，并引导儿童了解他人的权利及感受，而不是对儿童进行惩罚式的训诫或限制。此外，成人有许多机会让儿童做决定并体验这些决定的后果。逻辑推理及做决定的机会可以帮助儿童发展自我控制。这样，儿童的动作会越来越依据内在的统一，而非外界的指令。

延伸的建构主义理论开始考虑到他人对儿童学习的影响，即社会建构模型。布鲁纳（Jerome Bruner）提出了“鹰架”（scaffolding）这一概念。他认为家长或其他儿童能够帮助儿童使学习变得更加可操纵——尤其是在儿童学习新东西的时候。例如，在指导儿童解决问题时，让儿童学会通过提问题来解决问题。

维果茨基的理论也提出了对儿童指导的建议。其提出的社会文化理论认为，儿童是通过与他们所处的环境的互动来进行学习的。儿童在和成人及能力较强的同伴互动时的学习能力和效果要远远优于单独学习。他把儿童自己能够学习的知识和儿童在他人帮助下学习到的知识之间的距离称为最近发展区（zone of proximal development）。他强调提供儿童经验的重要性，给儿童足够的指导能够使他们习得新的技能。

2. 人本主义理论流派

人本主义的行为指导虽然也关注儿童行为的转变，但其更突出强调成人对儿童及其行为的引导与支持，成人与儿童间所有的互动必须基于尊重和悦纳，正如人本主义心理学者所主张的，为了帮助儿童建立积极的行为，转变不适宜的行为，成人应在教育教学中创设良好的成人与儿童的关系。成人要以自己的真情实感真诚地与儿童交往，因为只有在自由、轻松的气氛下，儿童才能心情愉快、活泼开朗，富有兴趣地形成积极的行为。

例如，戈登（Thomas Gordon）在《父母效能训练》中所提倡的技巧和方法，便是以人本主义理论为基础的。他提出首先要明确问题的归属，当儿童“拥有”自己的问题时，成人必须尊重该儿童的权利和解决问题的能力。因此，成人不应再劝告、说教、引导儿童，而要积极倾听（active listening），将儿童发出的信息返回给他。例如，“听起来你很生气，因为他们不带你玩”，这样的反应能提醒成人，儿童正在沟通什么，同时，成人应该让儿童自己去解决问题。当成人“拥有”问题时，则需要用不同的方法。成人要用“我……”的信息告诉儿童，他的动作给成人的感受如何。例如，“当我看到积木丢在地上，我担心有人会踩到、滑倒、受伤，这样让我很生气”。成人不应该用“你……”的信息，比如“你没有收拾好积木，你真不负责任！”。

人本主义理论提示我们在指导婴幼儿行为时要给予他们极大的关注和尊重，要仔细倾听、坦诚说出自己的感受，不用贬低、羞辱、嘲笑等方法应对婴幼儿的问题行为。

3. 行为主义理论流派

行为主义理论认为，行为不论适当与否，都是儿童对其所在环境及环境中的人的反应方式。当儿童与同伴及成人互动时，他是在社会情境中学习反应的方式，并学习他人如何回应别人的社会行为。最终，儿童调整自己的行为以配合他人的期待。在行为主义理论看来，适当的行为和问题行为都受环境增强与否的影响。适当的行为如果受到增强则会继续维持原样，问题行为如果受到增强也会继续产生，两种行为如果都没有受到增强则会清除。儿童许多问题行为由于引起他人的注意而持续增强，许多适当的行为因为受到忽视而中断。

班杜拉（Albert Bandura）所倡导的社会学习理论便秉承了行为主义学派的主张：儿童因观察模仿他人的示范，学习如何对各种不同情境做出反应。观察学习常发生在幼儿园中，例如，儿童因教师和同伴的示范而表现出关心、礼貌等行为，儿童特别喜欢模仿他们所认同的人的行为模式。此外，某些情况（如儿童看到他们的榜样被奖励）会更容易造成儿童对榜样行为的模仿。

行为主义认为，儿童出现问题行为是一种正常的情况，是由他们有限的社会经验造成的。成人能够用系统的方法，将儿童问题行为改变为较适当的行为。例如，成人可以通过奖励儿童受欢迎的适宜的行为来促进积极行为的养成。还有一种有效促进积极行为的方法是忽视儿童的不适宜行为。当然这有时候难以做到，特别是在不适宜行为会给他人带来危险的时候，成人一定不能置之不理。

4. 精神分析理论流派

精神分析理论源于弗洛伊德（Sigmund Freud）的研究，对于儿童为何产生问题行为提出了重要的观点和处理方法。这一理论强调分析问题行为的根本原因。《儿童：挑战》（*Children*：*The Challenge*）一书的作者德瑞克斯（Rudolf Dreikurs）认为所有的问题行为都源于四类根本的动机之一：儿童会有问题行为是因为他们希望获得注意，或因为他们向成人争取权利，或因为他们想要反对成人，或因为他们感到无助或无法达到合理的期望。在改变问题行为方面，德瑞克斯认为用鼓励和合理的后果，胜过用奖赏和惩罚。

另一个源于精神分析理论的应用则是埃里克森（Erik H. Erikson）的心理社会发展阶段理论。根据此理论，成人必须清晰了解儿童每一个发展阶段的需求，认识到各个发展阶段儿童所面临的任务。例如，婴儿期的发展任务是获得信任感，克服不信任感，体验希望的实现。因此，为了发展婴儿的信任感，成人需提供一个一致且充满爱的环境。充足的信任感是建立积极关系和指导的必要基础。儿童早期（1.5～3岁）的发展任务是获得自主感而克服羞怯和疑虑感，体验意志的实现。因此，他们需要许多机会在有安全、有爱、合理的环境中练习独立自主。如果他们无法自立，他们将带着羞愧和怀疑进入下一个阶段。学龄初期（3～6岁）儿童的发展任务是获得主动感，克服罪疚感，体验目的的实现。他们需要在没有成人的责难和批评的环境中试探、满足他们的好奇心，尝试新的冒险；如果失败，则会造成他们的退缩。

精神分析学派理论给予保教工作者的启示是，当婴幼儿产生问题行为时要谨慎地检视产生这一行为的原因有哪些。通常，婴幼儿的问题行为是他们对自己无法控制或无法了解等的情境的回应，如父母的离异、健康问题等，当成人推测出哪些原因引发了婴幼儿的问题行为，就能敏锐且有效地处理这些问题。

自学自测

一、填空题

1. 专业观察是为了职业要求或科学研究而进行的，是指观察者通过感官或（　　　　），有（　　　　）、有（　　　　）地对自然状态下发生的现象或行为进行系统、连续的考察、记录、分析，从而获取事实材料的过程。
2. 为了了解婴幼儿的行为所表明的真实意义，对婴幼儿行为的观察一定要在（　　　　）进行。
3. 婴幼儿行为观察、记录与评价既是保教工作者必备的（　　　　），又是促进其（　　　　）的有效途径。
4. 通过行为观察可以尽可能早地发现婴幼儿身心发育的异常，如（　　　　）、（　　　　）、（　　　　）、脑瘫、语言发育迟缓、耳聋等疾病，从而及时采取合理的干预措施，使婴幼儿得到更好的发展。
5. 我国最早应用日记描述法记录婴幼儿行为的教育家是（　　　　）。

二、思维导图

请用思维导图的形式绘制出“婴幼儿行为观察与记录的方法”和“婴幼儿行为评价与指导的理论依据”。

思维导图

课中实训

实训目标

1. 能掌握婴幼儿行为观察、记录与评价的基本步骤。
2. 能根据观察目的选择适宜的婴幼儿行为观察记录方法。
3. 能掌握婴幼儿行为评价与指导的基本原则。

实训内容

任务一 婴幼儿行为观察、记录与评价的基本步骤

任务二 婴幼儿行为观察与记录

任务三 婴幼儿行为评价与指导

实训条件

婴幼儿行为观察、记录与评价的实施条件

名称	实施条件	要求
实训环境	理实一体化教室	校园网无线 Wi-Fi，可在线观看网络资源
物品准备	1. 签字笔；2. 记录本（活页）；3. 问卷样表；4. 手机或平板电脑等录音录像设备	活动材料充足，满足实训需求
知识准备	1. 具备婴幼儿行为观察、记录与评价的基本知识和操作技能；2. 具备婴幼儿行为评价与指导活动的基本知识技能	理解记忆相关知识点

实训步骤

1. 依托情境熟悉婴幼儿行为观察、记录与评价的基本步骤。
2. 掌握婴幼儿行为观察中应当注意的问题。
3. 掌握婴幼儿行为评价与指导的基本原则。

任务一 婴幼儿行为观察、记录与评价的基本步骤

情境导入

在前面的“案例先导”中，为了帮助一个刚入园的总是尿裤子的孩子，小洁在主班老师的建议下准备通过行为观察、记录与评价来解决问题，那么她需要做些什么呢？

思考答疑

1. 在观察这个孩子前小洁需要做哪些准备工作?

2. 观察后应该怎样利用观察到的信息来解决这个孩子存在的问题?

知识点拨

观察收集行为信息

观察是评价和指导婴幼儿行为的基础，开展观察需从以下几方面入手。

一、确定观察目的和制订观察计划

只有事先明确观察目的，制订科学的观察计划才能使观察免于盲目。可以根据观察目的，选择适宜的观察记录方法和观察婴幼儿的情境。在实际操作中，往往需要全方位、多情境进行观察，并选择多种观察记录方法。

二、充分、科学地观察和记录婴幼儿的行为

在明确观察目的后，需根据观察计划充分、科学地观察和记录婴幼儿的行为。有时，需要根据具体情况对婴幼儿进行多次观察，为后续分析和评价婴幼儿的行为提供充分的依据。通常在相同条件下，观察次数越多，观察的精度越高。

三、进一步获得婴幼儿的行为信息

为了全面深入地了解婴幼儿的行为及行为背后的意义，也为了给下一步正确评价、分析婴幼儿做准备，保教工作者可以通过与婴幼儿进一步交流访谈，了解其真实的想法和对事物的理解。

同时，保教工作者还应积极与家长沟通合作，利用访谈、问卷收集家庭生活中婴幼儿行为的相关信息，全面了解婴幼儿行为水平和特点。

实践演练

1. 尝试列出观察提纲。

例如：

1. 观察地点：写出详细地址。
2. 观察时间：确定具体的观察时间。
3. 观察对象：性别，年龄，所在班级，肖像描述。
4. 观察目的：
5. 观察记录方法：
6. 进一步获取信息计划：

知识点拨

进一步获取信息的方法

（1）尝试与婴幼儿沟通，如果婴幼儿的语言表达能力有限或者较为内向，可以尝试用判断句向其提问，这样婴幼儿回答时只需点头或者摇头即可，更容易获取有用的信息。如果婴幼儿情绪激动，可以等他情绪平复下来或者较为放松愉悦时再向其提问，不可操之过急。

（2）与家庭成员沟通，可以用问卷法、行为检核法或访谈法。

（3）与其他保教工作者沟通获取婴幼儿信息。

（4）如果婴幼儿有表达能力较好的同伴，也可尝试与其沟通获取信息。

（5）查阅婴幼儿档案资料。

2. 在获取了婴幼儿充足的信息以后，列出评价与指导计划。

知识点拨

评价、分析婴幼儿的行为

全面获取婴幼儿行为信息后，保教工作者要对婴幼儿行为进行评价与分析。可以从以下方面着手：

（1）评价婴幼儿的发展水平。

（2）通过观察结果总结婴幼儿的“行为模式”，如区角活动时材料的运用、与其他婴幼儿的互动、发起活动或被动接受其他婴幼儿的游戏规则等。

（3）分析行为观察结果的意义和重要性。

（4）分析婴幼儿发展超前、正常、滞后的原因。

总结提升

保教工作者要掌握婴幼儿行为观察、记录的基本方法及其优势与局限性，根据观察目的选取适宜的观察、记录方法，制定出科学的观察提纲，充分、科学地观察和记录婴幼儿的行为，并通过多种手段进一步获取与婴幼儿行为相关的其他信息，对婴幼儿行为进行评价与分析。

任务二　婴幼儿行为观察与记录

1. 根据任务一中列出的观察提纲，设计具体的观察记录表。
2. 进行观察记录，并思考在观察中需要注意哪些问题。

知识点拨

观察过程中的注意事项

一、消除“观察反应性”现象

当被观察者知道有人在观察他时，会改变自己的行为，做出不正常、不自在的反应，这时所获取的婴幼儿行为的信息和资料是不准确的。要消除或避免这方面的干扰，观察者就不能急于记录观察到的情况，要预先来到观察现场，与被观察者交朋友，使被观察者不再有陌生感，熟悉观察者的存在，在他们对观察者的活动失去兴趣后再进行观察记录。记录时坐在或站在一个不容易被婴幼儿看到的位置，尽量不要让婴幼儿发现你在“看着”他。

二、注意伦理道德问题

伦理道德问题是所有观察中不可忽视的因素，主要应该做到以下几点。

（一）观察前应得到许可

父母或监护人有权同意或拒绝儿童被观察。因此，进行观察前最好获得父母的同意。必要时，要与家长有清楚的协议，让研究对象了解他们能从观察中获得什么以及需要完成什么任务。

同时，观察者在使用任何观察资料前都应该得到保教机构主管人员如园长、保教主任等的许可。

（二）维护隐私与机密性的权利

在书面或口头报告观察结果时，除非有必要用真名，否则对于被观察者应以代号或化名呈现，避免记载或透露婴幼儿的真实姓名。观察数据须小心收存，不要将记录留在别人可以随意拿到的地方。观察记录仅提供给“必要知悉”的人士，如教师、家长、社工人员等，其他人士必须事先获得家长的书面同意后才可以看到。

三、保障观察信度

（1）观察次数越多，观察的信度越高。

（2）信度随观察时间的延长而提高，最佳信度发生在每次观察时间由10分钟增加到20分钟时，20分钟以上时信度趋于稳定。

（3）参考观察次数与时间：某些研究表明，最佳次数与时间长度的组合为观察5次，每次30分钟。根据观察者的条件，可减至3次，每次30分钟；3或4次，每次20分钟；或根据特定班级上课时间的长度酌情而定。

四、避免给婴幼儿贴标签

当婴幼儿因为自己的行为被贴上某一个“标签”时，这个标签所形成的社会及心理压力，最后会反过来影响婴幼儿的自我认同，驱策婴幼儿做出符合标签的行为，从而使这样的行为愈发突出，所以不要给婴幼儿贴标签，不管这个标签是正面的还是负面的。负面标签会让婴幼儿产生羞愧感，摧毁幼儿的自我价值，而正面标签会让其过度膨胀，同样能摧毁婴幼儿的自我价值。

总结提升

要根据观察目的和选定的观察方法设计具体的观察记录表，有的观察方法还要列出详细的操作定义，通常需要对婴幼儿进行预观察。在观察实施阶段要注意伦理道德问题，尽可能排除各种主观因素和客观因素的干扰，确保观察的可靠性和合法性。

任务三　婴幼儿行为评价与指导

1. 根据任务二的观察结果，分析该婴幼儿总是尿裤子的原因。
2. 思考评价与指导婴幼儿行为需要遵循哪些原则。

知识点拨

婴幼儿行为分析与指导的原则

一、整体性原则

婴幼儿的行为是一个整体，之所以将婴幼儿行为分成几个发展的领域，是为了给学习者提供一个认识婴幼儿行为的框架。莎曼等人将儿童的行为分为身体动作、智力发展、情绪情感、社会性互动、语言刺激五个领域，但是每个领域之间相互联系、相互影响、相互融合。五个领域以整合的方式，共同影响着婴幼儿个体。因此，我们在分析与指导婴幼儿行为时，要从多个领域找原因、做评价、找对策。

二、理解和尊重婴幼儿原则

（一）理解和尊重婴幼儿的身心发展规律

婴幼儿的发展是一个持续、渐进的过程，同时也表现出一定的阶段性特征。了解婴幼儿的身心发展规律，一切从有利于婴幼儿的发展角度出发，尊重婴幼儿身心发展规律，才能正确地解读婴幼儿的行为，科学地指导婴幼儿。

（二）理解和尊重婴幼儿的个体差异

婴幼儿的学习方式和发展速度各有不同，在不同的学习与发展领域的表现也存在明显差异。婴幼儿年龄越小，个体差异就越明显。成人不能用一把“尺子”衡量所有婴幼儿，不应要求婴幼儿在统一的时间达到相同的水平，应允许婴幼儿按照自身的速度和方式达到某些参考标准所呈现的发展“阶梯”。故在使用婴幼儿发展常模与《3～6岁儿童学习与发展指南》中的相关指标评价婴幼儿时应理解和尊重婴幼儿的个体差异，允许婴幼儿存在这种差异，因材施教，耐心运用各种方法来进行鼓励、指导和帮助，使每个婴幼儿都得到较好的发展。

（三）尊重婴幼儿的人格与权利

婴幼儿作为独立的人，拥有独立的人格和法律所赋予的姓名权、肖像权、名誉权、荣誉权和隐私权。保教工作者和家长在行为观察指导时应当尊重婴幼儿的人格和权利，不能因为其年龄小就无视婴幼儿的人格和权利。

三、立足于婴幼儿的长远发展原则

保教工作者对婴幼儿行为的指导不仅要满足婴幼儿当前的需要，更要着眼于婴幼儿发展的长远目标，注重那些对婴幼儿一生产生影响的品质的培养。

四、把握指导的契机原则

把握婴幼儿指导的恰当时机，关系到保教工作者对婴幼儿行为指导的实际效果。指导的时机恰当，有助于婴幼儿形成良好的行为规范和行为习惯。反之，可能会阻碍他们的发展。指导的时机取决于两个因素：一是成人的期待，主要指成人希望婴幼儿在活动中表现出的发展水平；二是婴幼儿的需求，主要指婴幼儿的活动是否自然顺畅，是否有得到帮助的需求。当你还不确定是否需要介入指导婴幼儿时，不妨先对婴幼儿的行为进行细致的观察。

五、公平对待每一个婴幼儿原则

保教工作者在指导婴幼儿时应力求公平、一视同仁。作为专业教育者，保教工作者与家长这样的非专职教育者的重要区别，就在于家长对子女的爱是专门的、特定性的、有偏向的；而保教工作者则需要将自己的时间和精力给予全体婴幼儿，并保证他们享有同等的教育机会。

六、重视家园合作原则

家庭是婴幼儿生活的主要场所之一。家长的指导对婴幼儿良好行为的养成和问题行为的改善都起着至关重要的作用。因此，为达到理想的行为指导效果，保教工作者必须和婴幼儿的家长密切合作。

总结提升

保教工作者要熟悉婴幼儿身心发展的规律，掌握儿童心理学的理论与各理论流派的主要观点和局限性，遵循婴幼儿行为分析与指导的原则，科学地对婴幼儿行为进行评价与分析，提出有利于婴幼儿发展的指导对策。

课后巩固

学堂在线

观察者应具备的基本素质

课后提升

1. 扫码观看微课，思考如何在实践中有意识地提升自己的观察素质。

2. 观看纪录片《幼儿园》，小组交流对幼儿行为观察的看法。

拓展资源

1. 回应性照护。

2. 经典推介：

《儿童心理之研究》(陈鹤琴)

《窗边的小豆豆》(黑柳彻子)

《通过榜样实践进行行为矫正》(班杜拉)

学堂在线

回应性照护

考核评价

评价阶段	评价内容	佐证	教师评价	学生自评	学生互评	平台评测	是否达标（达标√ 未达标 ×）
课前自学	“学堂在线”完成度	平台数据					
	自学自测	完成测试题					
课中实训	观察提纲设计	能够设计观察提纲					
	观察记录方法的选择	能够根据情况选择适当的观察记录方法					
	完成观察记录	记录翔实、客观					
	完成观察分析报告	能够撰写观察分析报告					
	科学的儿童观、评价观	能够科学评价婴幼儿					
	具有问题意识、研究意识以及严谨的科学态度	善于发现问题，具有严谨的治学态度					
	伦理道德意识	观察评价时能遵守伦理道德					
	保教工作者的责任感和使命感	具备为国家、社会、家庭和婴幼儿奉献的精神					
课后巩固	课后提升	平台数据					
	拓展资源	平台数据					

项目二

0～3 岁婴幼儿动作发展观察、记录与评价

项目概述

孩子的健康成长是每位父母的最大希望，健康成长既包括身体的健康成长，也包括心智的健全发展，这两者之间有着必然的联系。对于个体来说，婴幼儿时期是动作发展的关键期，直接影响着婴幼儿其他各方面的发展。婴幼儿动作发展是否良好、身体是否健康，在某种程度上可以影响婴幼儿心理和智力的发展水平，所以婴幼儿动作发展状况是评价婴幼儿的重要标准之一。

本项目重点学习 0～3 岁婴幼儿动作发展观察、记录与评价的内涵、意义、原则，0～3 岁婴幼儿动作发展观察、记录与评价的方法和步骤，0～3 岁婴幼儿动作发展的规律与特点以及具体的实训任务：0～3 岁婴幼儿粗大动作观察、记录与评价，0～3 岁婴幼儿精细动作观察、记录与评价，0～3 岁婴幼儿动作发展活动设计。

学习目标

素质目标

1. 树立科学的儿童观、评价观。
2. 尊重婴幼儿动作发展规律，关心热爱婴幼儿。
3. 注重观察的主动性、敏感性、全面性。
4. 培养安全意识以及对工作的责任感和使命感。

知识目标

1. 理解 0 ~ 3 岁婴幼儿动作发展观察、记录与评价的内涵、意义与原则。
2. 掌握 0 ~ 3 岁婴幼儿动作发展观察、记录与评价的方法和步骤。
3. 掌握 0 ~ 3 岁婴幼儿动作发展的规律与特点。

能力目标

1. 能够根据 0 ~ 3 岁婴幼儿的行为表现分析婴幼儿的动作发展水平。
2. 能根据 0 ~ 3 岁婴幼儿的动作发展水平提出合理的教育建议。
3. 能设计和组织 0 ~ 3 岁婴幼儿动作发展活动。

案例先导

玥玥出生后，爱女心切的玥玥妈妈每隔一段时间就要去医院给宝宝体检一次，总怕玥玥发育不好。“医生，玥玥现在 2 个月了，怎么还不会抬头呀？”“医生，怎么给宝宝进行抬头训练呢？”“医生，玥玥 8 个月已经会站了，过早站立是不是不好呀？”……有了宝宝的妈妈总是特别敏感。宝宝动作的发展是家长们普遍关心的问题之一。

课前自学

一、0 ~ 3 岁婴幼儿动作发展观察、记录与评价概述

学堂在线

婴幼儿动作发展观察、记录与评价概述

（一）婴幼儿动作发展观察、记录与评价的内涵

婴幼儿动作发展观察、记录与评价指的是依据一定的评价标准，采用各种定性、定量的评价方法，对婴幼儿的动作发展做出价值判断并寻求促进其动作发展的途径的一种活动。定性的评价指的是对婴幼儿的动作发展进行语言描述，而定量的评价主要是用数学语言对婴幼儿动作发展观察结果进行描述。

（二）婴幼儿动作发展观察、记录与评价的意义

1. 可以及时发现婴幼儿发育成长中的问题，进行及时的保健及治疗，从而促进婴幼儿正常、健康成长和发展

科学地观察、记录和评价婴幼儿动作发展可以使我们更好地了解婴幼儿的动作

发展水平，并根据动作发展了解其智力、心理等方面的综合发育情况，尤其是可以及时发现婴幼儿生长发育中的问题，如脑瘫患儿会出现身体发硬、剪刀脚、脚尖着地站立、4 个月拳头仍不能张开、4 ～ 5 个月手不能抓物等动作表现。在观察、记录和评价中如果发现婴幼儿的这些动作表现及感知觉异常就应及时就医、及时发现、及时治疗，进行康复训练，从而最大限度地控制病情，促进婴幼儿的康复。

2. 可以帮助了解婴幼儿心理发展水平

心理是脑对客观现实的反映，是比较隐蔽、不易被观察到的现象。由于婴幼儿语言发展还不完善，我们只能通过观察其行为动作表现来了解其心理发展。因此，通过对婴幼儿动作发展的观察、记录与评价，我们可以更好地了解他们的心理发展状况。

3. 可以促进正常发育中的婴幼儿更好地发展

依据评价结果为婴幼儿制定符合其自身特点的动作发展训练计划、饮食营养计划等，可以促进婴幼儿动作的发展，进而促进其智力等综合方面的健康发展。

（三）婴幼儿动作发展观察、记录与评价的原则

1. 客观性原则

所谓客观，是指主观意识之外的客观世界。作为评价对象的婴幼儿，其客观存在是不以评价者的主观意志而转移的。对婴幼儿的观察、分析、评价必须以婴幼儿实际发展为基础，绝不可因为个人感情、观点、立场、审美情趣等而主观臆断，信口开河。要认真、严谨地运用科学的方法观察、评价婴幼儿，从而得出客观、真实的结果，否则把结果反馈给相关人员时就失去了意义，甚至会对婴幼儿本身起到不良作用，影响婴幼儿日后的发展。另外，对婴幼儿进行观察、记录与评价，最好由婴幼儿熟悉的人员进行，这样才不会影响婴幼儿的活动和表现，从而得到比较客观的结果。

2. 全面性原则

对婴幼儿动作的观察、记录与评价要从全局和整体出发，综合、全面地观察与评价婴幼儿动作发展的各方面因素，既要注意大肌肉动作发展，也要注意小肌肉动作发展，还要考虑其他方面的综合发展及婴幼儿年龄、体重等因素，绝对不能以偏概全。仅以一方面发展的标准来衡量婴幼儿的整体动作发展情况，这样的结果既不真实也不可靠，同时会给婴幼儿的家长带来心理上的负面影响，从而影响其对婴幼儿的态度与期望，最终影响婴幼儿的发展。

3. 发展性原则

发展性原则有两层含义。一是“发展”意味着每一个婴幼儿都是在不断发展的人，成人一定要用发展变化的眼光看待婴幼儿，在动态中认识婴幼儿的动作发展。有了这样的观念，我们就不会因为婴幼儿目前的不良动作发展而轻易判断其综合发育水平差。我们应根据婴幼儿动作发展情况，即婴幼儿的现有发展水平、个体身体

素质及发展潜力等，制订具体可行的计划，提出改进建议，使婴幼儿在学习中不断进步发展。同时还要经常给予婴幼儿鼓励和赞赏，不要认为婴幼儿听不懂，婴幼儿可以逐渐从成人的眼神、肢体动作、语气中读懂一定信息，这有利于增强婴幼儿的信心，促进婴幼儿的发展。二是对婴幼儿的动作评价应以不影响婴幼儿的发展为前提，评价的方法要具有科学性、教育性，绝对不能以伤害婴幼儿为代价获得评价结果。

4. 科学性原则

科学性原则主要体现在三个方面：一是评价方法和指标的选择与制定要科学，要符合婴幼儿动作发展特点及规律，不能出现模棱两可的问题；二是评价实施过程要严谨，讲究科学性，依据计划一步一步具体实施；三是评价的参照标准要科学，有的人对婴幼儿动作进行评价往往习惯参照周围婴幼儿发展的情况，这就不具备科学性，结果也不真实可靠。

5. 可行性原则

所谓可行性，指问题的研究具有现实可能性。无论观察、记录与评价方案设计得多么完善，如果不能实际进行操作，也只能是纸上谈兵。对婴幼儿进行动作发展评价时，对评价能否实施这一问题要进行认真分析，保证评价方案有较强的实践性和操作性，保证评价活动切实可行，能按计划一步步有效实施。具体有以下两点注意事项：

第一，评价方法使用简便。对婴幼儿动作发展进行评价，方法要简单、容易操作，评价人员要具备一定的设备、技术手段、测量工具，有可靠的客观物质条件保障。

第二，评价指标要有普遍性。婴幼儿动作发展评价指标的设计要简单易懂，符合婴幼儿动作发展规律及特点，不能人为地随意降低或提高标准，务求客观真实，符合婴幼儿动作发展标准。

二、0～3岁婴幼儿动作发展观察、记录与评价的方法和步骤

（一）婴幼儿动作发展观察、记录与评价的方法

学堂在线

动作观察评价记录案例

婴幼儿动作发展观察、记录与评价主要在一日生活中进行，即通过保教工作者、家长与主要照护者的配合，共同观察0～3岁婴幼儿日常自然状态下的动作发展表现。婴幼儿动作发展观察、记录与评价应综合运用观察法、问卷调查法、实验法等方式获取信息，并注意定量评价与定性评价相结合、自评与他评相结合。

另外，记录与分析是评价的重要要求，翔实、客观的记录，科学、系统的分析，

可以帮助评价人员获得真实的评价结果，也使评价更有意义。

（二）婴幼儿动作发展观察、记录与评价的步骤

1. 明确评价内容和标准

婴幼儿动作发展观察、记录与评价的内容主要有两部分：（1）大肌肉运动，包括头、颈、躯干、四肢的运动，具体动作有抬头、翻身、坐、走、跑、跳等；（2）小肌肉运动，主要指手的活动。

婴幼儿动作评价标准分为三级：（1）一级，在适当年龄能够灵活、熟练、协调地完成各动作要求；（2）二级，在适当年龄能经帮助较熟练、灵活地完成各动作要求；（3）三级，在适当年龄只能部分或较差地完成各动作要求。

2. 确定评价方法

评价方法的选择与使用要配合评价内容的性质与需要，还要考虑评价对象的特点。

3. 搜集和分析反映婴幼儿动作发展的资料

搜集资料是指对通过观察、调查等方式获得的关于婴幼儿动作发展的资料进行汇总、整理，这是非常费时、费力的工作。之后再使用统计学方法对搜集得来的资料进行定性与定量的分析。这样评价的结果才会真实、可靠、有效。

4. 实施评价

根据评价标准及搜集和分析的资料，对婴幼儿动作发展进行具体评价，了解婴幼儿动作发展情况。

5. 评价结果反馈及制订促进婴幼儿动作发展的计划

评价的目的不是检查，而在于通过评价来促进婴幼儿动作的发展，因此要将评价结果以恰当的方式反馈给有关人员，然后根据婴幼儿具体情况、潜能和不足制订具体计划，逐渐促进婴幼儿动作发展。

三、0～3岁婴幼儿动作发展的规律与特点

（一）婴幼儿动作发展的规律

1. 从整体动作到分化动作

初生婴儿的动作是混乱笼统的、未分化的大肌肉群动作。随着神经系统和肌肉的成熟以及婴儿自身的反复练习，动作不断分化。婴儿渐渐学会控制身体局部的小肌肉群动作，当身体某部位受到刺激时，能控制仅由有关部位做出反应，而抑制其余部分的动作。在婴儿获得对各部分小肌肉群的动作控制后，又学会把这些小动作“归并”到一起，整合成为更加复杂的整体动作。动作发展就是从大肌肉群动作到小肌肉群动

作，从未经分化的混沌的整体动作到整体动作的不断分化、不断整合的过程。例如，满月的婴儿受到痛刺激后，会哭喊着全身乱动；3 岁孩子拿着笔认真画画时，不仅是手动，肢体的动作也来帮忙。

2. 从上部动作到下部动作

婴幼儿最早发展的动作是头部动作，其次是躯干动作，最后是脚的动作，即婴幼儿动作的发展先从上部动作开始，然后到下部动作。婴儿最早出现的是眼的动作和嘴的动作。婴幼儿先学会抬头，然后能俯撑、翻身、坐和爬，最后学会站和行走，也就是离头部最近的部位的动作先开始发展。这种趋势也表现在一些具体动作本身的发展上。例如，婴儿学爬行，先是依靠手臂匍匐爬行，然后才逐渐运用大腿、膝盖和脚来爬行，服从“首尾规律”。

3. 从大肌肉动作到小肌肉动作

从大肌肉动作到小肌肉动作，即婴幼儿先出现的是躯体的大肌肉动作，如头部动作、躯体动作、双臂动作、腿部动作，然后才出现手部的小肌肉动作。动作可以分为粗大动作和精细动作。粗大动作是指活动幅度较大的动作，也就是大肌肉群的动作，包括抬头、翻身、坐、爬、走、跑、踢、走等。精细动作是指小肌肉群动作，如咀嚼、穿线、画画、剪纸、翻书、穿珠子等。从四肢动作来说，是臂和腿的动作先发展，以后才逐渐发展手和脚的动作。例如，婴幼儿先是用整只手臂和手一起去抓物体，之后才会用手指去拿东西。动作发展的这种规律，称为“大小规律”。随着神经系统和肌肉的发育，加之婴幼儿大量的自发性练习，动作逐渐分化，婴幼儿开始学习控制身体各个部位的小肌肉动作。他们在身体受到刺激后能控制仅由有关部位做出相应的动作反应，而抑制身体其余部位的动作，使反应更加专门化。能用手握笔自如地一笔一画地写字，往往要 6 ～ 7 岁才能做到。

4. 从中央部位动作到边缘部位动作

接近身体中心（躯干）部分的肌肉和动作总是先发展，而远离身体中心的肢端动作发展较迟。以上肢动作为例，肩和上臂首先成熟，其次是肘、腕、手，手指动作发展最晚。下肢动作也是如此。

5. 从无意动作到有意动作

婴幼儿最初的动作是无意的，以后越来越多地受到心理有意的支配。例如，初生婴儿已会用手紧握小棍，这是无意的、本能的动作，几个月后，婴儿才逐渐能够有意地、有目的地去抓物体。最初是从无意动作向有意动作发展，以后则是从以无意动作为主向以有意动作为主的方向发展，即服从“无有规律”。

（二）婴幼儿动作发展的特点

1. 头部动作的发展

头部动作是婴幼儿最早发展的动作。头部动作的发展顺序是：出生时，仰卧时头会左右转动，可抬头片刻，这时如果不用手接着他的头，头就会下垂；1个月，头仍不能竖直，俯卧时能抬起下巴；2个月，抱着时头能竖直，但还是摇摆不稳；3个月，头能竖直而且平稳；4个月，能平稳竖直抬头，抱着时头能保持平稳；7个月，仰卧时能抬头。

2. 躯体动作的发展

躯体动作的发展，主要表现为翻身和坐的动作的发展。躯体动作的发展顺序是：2个月，能挺胸；3个月，能侧卧；4个月，能扶着坐；5个月，能从仰卧翻到侧卧；6个月，能坐在有扶栏的椅子上，坐着时身体前倾，会用手支撑身体；7个月，能从仰卧翻到俯卧，能不靠成人或其他东西的扶持独自坐一会儿；10个月，能毫不费力地从躺着到坐起；12个月，站着时能自己坐下。

3. 行走动作的发展

婴幼儿行走动作的发展，要经历爬行、站立和行走三个阶段。行走动作的发展顺序是：7个月，能试着爬行，主要依靠膝盖和大腿的移动；8个月，能匍匐爬行，腹部贴地，用腹部、手臂带动身体和两腿前进，扶着能站立；10个月，能用手和膝盖爬行，身体不着地，手臂和腿交替移动，能扶着东西自己站起；12个月，能扶着行走；14个月，能独自站立；15个月，能独自行走；18个月，跑步不稳，容易摔倒；2岁，行走自如，能大步稳跑，会踢皮球，能自己上楼下楼；2岁半，能双脚跳，会用单脚站立片刻（2秒钟左右），能踮着脚用脚尖走几步，能从椅子上跳下；3岁，能单脚站立，会踮着脚走，跑步稳当，会骑三轮脚踏车。

4. 抓握动作的发展

抓握动作的发展，是手的动作发展的重要标志。抓握动作的发展，以眼睛注视物体和手抓握物体动作的协调、五个手指活动的分化为特点。因此，婴儿出生后6个月，抓握动作才开始发展。抓握动作的发展顺序是：3个月以前的婴儿，手基本上是捏成拳头，手脚一起乱伸乱动；4～5个月的婴儿，虽然会伸手抓身旁的东西，但往往是整个手一把抓，拿不住，这种手的动作带有很大程度的不随意性，手接触到什么就抓什么；6个月，捏物体时还是一把抓，不会使用拇指，能够把东西从一只手换到另一只手，手眼协调，看到物体后能用手抓住它；8个月，抓握物体时能将大拇指和其他四个手指分开，使用五指抓握住物体；10个月，能协调地配合手眼动作，把一样东西放到另一样东西上；18个月，能将2～3件东西搭叠起来，能推拉玩具，会同时使用四个手指和拇指，抓握动作得到充分发展；2岁，能用手一页一页地翻书；2岁半，手与手指的动作相当协调，手指活动自如，会用手指拿筷子、拿笔；3岁，能用手拿笔画圆圈，会自己往杯子里倒水，能自己解开和扣上纽扣。

自学自测

一、填空题

1. 婴幼儿动作发展观察、记录与评价指的是依据一定的（　　　　），采用各种（　　　　）、（　　　　）的评价方法，对婴幼儿的（　　　　）做出价值判断并寻求促进其动作发展的途径的一种活动。
2. 婴幼儿动作发展观察、记录与评价的原则有客观性原则、全面性原则、（　　　　）、（　　　　）、（　　　　）。
3. 婴幼儿动作发展的规律有首尾规律、无有规律、（　　　　）、（　　　　）、（　　　　）。
4. （　　　　）是婴幼儿最早发展的动作。
5. （　　　　）的发展，是手的动作发展的重要标志。抓握动作的发展，以（　　　　）和（　　　　）动作的协调、（　　　　）的分化为特点。

二、思维导图

请用思维导图的形式绘制出“婴幼儿动作发展的特点”。

思维导图

课中实训

实训目标

1. 能掌握 0～3 岁婴幼儿动作发展的观察、记录与评价方法。

2. 能对 0～3 岁婴幼儿动作发展进行评价和分析，并撰写动作观察记录。

3. 能根据 0～3 岁婴幼儿的动作发展水平提出合理的教育建议。

4. 能够设计和组织 0～3 岁婴幼儿动作发展活动。

实训内容

任务一　0～3 岁婴幼儿粗大动作观察、记录与评价

任务二　0～3 岁婴幼儿精细动作观察、记录与评价

任务三　0～3 岁婴幼儿动作发展活动设计

实训条件

0～3 岁婴幼儿动作发展观察、记录与评价的实施条件

名称	实施条件	要求
实训环境	理实一体化教室	校园网无线 Wi-Fi，可在线观看网络资源
物品准备	1. 签字笔；2. 记录本（活页）；3. 问卷样表；4. 手机或平板电脑等录音录像设备；5. 动作发展活动材料（玩具、教具等）	活动材料充足，满足婴幼儿需求
知识准备	1. 具备评价婴幼儿动作发展特点与水平的相关知识和操作技能；2. 具备婴幼儿动作指导活动的知识技能	理解记忆相关知识点

实训步骤

1. 根据婴幼儿年龄段回顾婴幼儿动作各方面发展水平。

2. 观察婴幼儿行为，撰写观察记录，分析婴幼儿动作发展的特点。

3. 根据婴幼儿动作发展特点，对照各年龄段婴幼儿动作发展的一般水平，分析婴幼儿动作发展状况，完成分析报告。

4. 根据分析报告，提出促进婴幼儿动作发展的合理建议。

5. 完成婴幼儿动作发展活动的设计与组织。

任务一　0～3岁婴幼儿粗大动作观察、记录与评价

情境导入

3个月的果果（男孩）经过一段时间的练习学会了抬头，但是不会主动抬头。2022年7月20日上午10点，妈妈又开始让果果尝试抬头，妈妈让果果俯趴在床上，果果的头埋在自己的小手上，这时，妈妈拿起小铃铛开始逗引果果，果果开始追视小铃铛，并试图用头够小铃铛，过了1分钟，他有些累了，趴在了床上。

思考答疑

1. 请问果果的粗大动作发展水平如何？
2. 妈妈可以怎样帮助他进行抬头运动呢？

知识点拨

婴儿一出生就拥有打哈欠、凝视、笑、吸吮、蹬腿、踢脚、挥手、扭头等运动能力，这些是动作发展的基础。接下来，婴幼儿就要学习和发展粗大动作，包括抬头、翻身、独坐、爬行、站立、行走等，这些基本动作是一切学习的基础。众多理论和实践的研究也证明，婴幼儿时期是人粗大动作产生和发展的关键期，应尽早对婴幼儿进行全方位的动作训练。

一、抬头与翻身动作的发展

0～1个月：新生儿的颈部肌肉没有力气，如果成人不用手辅助托着，其头部会下垂，俯卧时能稍抬下巴几秒钟，要是把他立着抱起来，头部可挺着立几秒钟。新生儿手臂和腿经常不受控制地随意挥舞、踢蹬。这些简单的动作在成人看起来微不足道，但对于新生儿来讲已经很难得了，它可以帮助新生儿适应这个陌生的世界。总体来讲，这些动作基本上是不分化的，属于不随意运动即无意运动，是笼统混乱的。

1～2个月：此时新生儿已满月，一般开始称之为婴儿。第二个月，婴儿还无法自己抬头，但头颈力量有了一些增长，抱着坐起来头部下垂的现象大大减少了，同时仰卧时能够比较好地控制头部左右转动去寻找奶源、声源及鲜艳的物体等，在俯卧时婴儿会试着抬头，可稍稍抬起至45°。婴儿膝盖和臀部力量加大了，不再容易弯曲，而且手臂和双腿的活动也逐渐增多，高兴时会兴奋地挥舞双臂、踢蹬双腿、身体左右晃动，甚至可凭借自身的力量移动整个身体，整体动作幅度明显增加，力量也明显增强。但是，婴儿的这些动作还不受

主观控制，动作还处于笼统、混乱状态，属于无意运动。

2～3个月：进入第三个月，婴儿在各方面都有了比较大的变化。在成人的扶持下身体可直立，头部也可立起，但还不稳固，需要小心保护。虽然直立时婴儿仍无法自己完全抬起头，但在俯卧时头可抬起到90°，并左右转动四处张望。婴儿身体的直立使视野变得宽阔，对婴儿各种感知觉及智力等的发展起到了很好的促进作用。此时婴儿开始逐步学习控制四肢活动，虽然还是经常无意识地挥舞手臂、踢蹬双腿，但有时也会控制手臂的活动。例如，通过双臂运动把小手送进嘴内吸吮等。婴儿身体动作幅度也更加明显，在仰卧时可凭借自身力量向左向右侧卧，为学习翻身奠定基础，甚至能使整个身体移动90°。但是，整体上婴儿的动作仍处于笼统、混乱状态。

3～4个月：进入第四个月，婴儿头颈力量加强了，在成人扶持下，身体可做较长时间直立，直立时可自己支撑竖起头部并左右转动，趴着时双手能支撑胸部并抬起头，仰卧时若向上拉他的双手头部也会跟着上来，基本上可完全控制自己的头颈活动。四肢活动也明显加强，虽然经常无意识地挥舞，偶尔也会出现有意活动，例如，看到玩具后双臂便活动起来，但不一定会靠近玩具，可能仅仅是颤动双臂。当把玩具放到桌子上，婴儿也会出现自动挥动双臂的动作，但不一定能抓到玩具。同时，婴儿腹部、背部、腿部力量也开始逐渐加强，在此基础上开始出现翻身动作，多数婴儿可独立翻身（从仰卧到俯卧），部分婴儿需在成人帮助下翻身。

4～5个月：婴儿可自己抬起头，并自由活动头部。婴儿四肢的活动出现了有意动作，例如可以控制手臂抬起、放下，会用手臂摩擦发痒的部位；如果面前摆放多种玩具，婴儿可主动伸出双臂够取，甚至可把玩具搂在怀中。婴儿坐在成人怀中高兴时会不时地踢蹬双腿，腿部力量增强，在成人扶持下腿可支撑身体站立一段时间。到第五个月，多数婴儿已学会独立翻身，在成人的帮助下婴儿可学会从俯卧翻回仰卧，婴儿一旦学会翻身就不肯安静地躺在床上了，而是不停地翻来翻去，即使受到阻止也不肯罢休。此时婴儿手臂支撑力量变强，翻过身后可以马上用手臂支撑起上身，使头高高昂起，拓宽了视野范围。这些已经不是简单的无条件反射，而是在婴儿意识控制下进行的。

5～6个月：婴儿能够完全自己控制头颈活动，不再需要成人的扶持。婴儿四肢活动能力增强，力量也增强了，可通过手臂带动双手做一些力所能及的活动，例如，当成人给婴儿喂很苦的药时，婴儿可出现用手臂推挡的动作。至此婴儿的动作不再是笼统、混乱的，而是逐渐出现了分化，从无意运动向有意

课中实训

运动过渡，动作逐渐有了目的性。

二、坐动作的发展

婴儿到了6～7个月大时，脊部、背部、腰部力量明显增强。因此，从翻身到坐起是连贯动作的自然发展。通常婴儿会先靠着床或地面呈现半躺坐的姿势，接下来身体会微微向前倾，并以两侧辅助支撑。6个月大的婴儿用双手向前撑住后，能自己坐立片刻。其实，婴儿从卧位发展到坐位是动作发展的一大进步。这大大地拓宽了婴儿的视野，使其能更好地接收外界的信息，这对他的智力发展相当有利。一般来说，6至6个半月的婴儿已经开始学会独立的坐姿，但是如果歪倒了，是无法自己恢复坐姿的，要到8～9个月大时才能不需要任何辅助地坐好。婴儿坐得稳了，表明其骨骼、神经系统、肌肉协调能力等的发育也慢慢稳定了。

三、爬行动作的发展

俗话说："二抬四翻六会坐，七滚八爬周会走。"因此，培养爬行动作，应在婴儿7～8个月大时进行。一般来说，婴儿爬行大致分为两个阶段，即虫爬式和狗爬式。虫爬式阶段通常指8个月左右，婴儿能够自然地爬行。在学习爬行的初期，婴儿几乎都是以同手同脚的移动方式进行，之后会以手肘匍匐前进，而且腹部贴在地面，爬行速度十分缓慢，看上去就像个小虫子。狗爬式则是指在9个月大时，婴儿的身体能慢慢离开地面，采用两手前后交替的方式，开始像小狗一样往前爬行。

四、站立动作的发展

独站阶段：独站是在扶站基础上发展起来的一个大肌肉动作，是直立行走的重要准备阶段。婴幼儿在能够独立站稳片刻的基础上，才敢踉踉跄跄地迈出人生第一步。一些婴幼儿已经在12个月前学会了独站甚至走路，但也有些婴幼儿从12个月开始才学习独站。

婴幼儿能够较稳地独站后，会试着弯腰捡地上的玩具，进而学会下蹲。

初学行走阶段：大多数婴幼儿在1岁后就开始学习迈步，逐渐掌握独立行走的动作。此时他们的行走动作与成人有很大区别，身体僵硬，头向前倾，行进时身体不平稳，容易摔跤。

行走较为熟练阶段：行走较为熟练阶段的特点是较少有明显的肌肉紧张表现，行进过程也比前一个阶段要平稳和协调一些。

（1）下肢：两脚之间分开的距离与两肩同宽。大步行走时，每条腿的运动及步长的一致性都有所增加。夸张的"高抬腿"动作消失了。已经出现从脚跟到脚尖的着地动作，没有明显的脚尖着地的现象。

（2）上肢：手臂放在身体两侧，高度戒备状态基本消失，但仍有一些左右摇摆的现象。

大多数婴幼儿的行走较为熟练阶段是在接近 17 个月时。这时成人再也不需要弯着腰时刻准备帮扶可能摔倒的婴幼儿，因为这个阶段的婴幼儿已经能比较协调、稳定而熟练地在平路上独立行走了。一旦行走较为熟练后，婴幼儿就开始不满足于在平路上走，喜欢独自在比较平缓的坡道上行走，或者喜欢在成人的帮助下上下较陡的坡道。

接近 1 岁半时，一些幼儿能学会后退走。

实践演练

1. 尝试用访谈法对果果的妈妈进行调查，进一步了解果果的大动作发展情况。请列出访谈提纲。(至少 3 个问题)

例如：宝宝俯卧时是否能抬起头来？

1.

2.

3.

2. 为了有目的性地观察果果的抬头情况，请为果果制定三个抬头动作指标，设计一张“动作发展清单”。

动作发展清单

<table>
<tr><th rowspan="2">观察内容</th><th colspan="5">指标</th></tr>
<tr><th>具体指标</th><th>观察方法</th><th>通过标准</th><th>是否通过</th><th>日期</th></tr>
<tr><td rowspan="3">抬头</td><td>俯卧抬头</td><td></td><td>日常观察 3 次中出现 1 次即可通过</td><td></td><td></td></tr>
<tr><td></td><td>将宝宝竖直抱起，逐渐松开保护头部的手，观察能否直立抬头</td><td>日常观察中出现 1 次即可通过</td><td></td><td></td></tr>
<tr><td>头部自由活动</td><td></td><td></td><td></td><td></td></tr>
</table>

3. 请将“情境导入”中的观察内容改成“日记描述法”形式记录。

婴幼儿姓名：　　年龄：　　时间：　　观察者：

环境：

目的：

目标：

观察记录：

4. 根据果果的动作发展特点，对照该年龄段婴幼儿动作发展的一般水平，分析果果动作发展的状况，完成分析报告。

行为解释分析

结论：通过 ××× 和 ××× 的观察方法，我们注意到该婴幼儿……

1.

2.

3.

知识点拨

0～3岁婴幼儿粗大动作发展观察项目及要点

<table>
<tr><th>月龄</th><th>观察项目</th><th>观察要点</th></tr>
<tr><td rowspan="2">0～3M</td><td>抬头转头</td><td rowspan="22">1M 能抬头数秒并转头
2M 抬头幅度增加
3M 能轻松左右转头
4M 俯趴可以抬头 90°
5M 翻身高峰期
6～7M“先坐后爬”或“先爬后坐”
8～9M 能扶着硬物站立起来并保持 5 秒或以上
10M 能由成人牵着站立或独自站立
11M 能扶栏杆或牵着一只手走
12～15M 由步履蹒跚到步行自如，不摇晃、不扶物，可自行蹲下
16～24M 能小跑，能将球踢出，能扶栏杆上楼梯
24～30M 会双足向前跳，能举手过肩抛球，能扶栏杆上下楼梯
30～36M 会单脚站立 5 秒以上，能双脚交替上下楼梯，可以骑儿童三轮车</td></tr>
<tr><td>俯卧抬头</td></tr>
<tr><td rowspan="2">4～6M</td><td>翻身动作</td></tr>
<tr><td>靠坐学坐</td></tr>
<tr><td rowspan="3">7～9M</td><td>手膝爬行</td></tr>
<tr><td>独坐自如</td></tr>
<tr><td>扶杆站立</td></tr>
<tr><td rowspan="3">10～12M</td><td>独自站立</td></tr>
<tr><td>爬行自如</td></tr>
<tr><td>扶走迈步</td></tr>
<tr><td rowspan="3">13～18M</td><td>行走自如</td></tr>
<tr><td>蹲站动作</td></tr>
<tr><td>上下楼梯</td></tr>
<tr><td rowspan="3">19～24M</td><td>跑步跳跃</td></tr>
<tr><td>攀爬台阶</td></tr>
<tr><td>抛球踢球</td></tr>
<tr><td rowspan="3">25～30M</td><td>平衡能力</td></tr>
<tr><td>攀登楼梯</td></tr>
<tr><td>滚球接球</td></tr>
<tr><td rowspan="3">31～36M</td><td>双脚跳跃</td></tr>
<tr><td>皮球投篮</td></tr>
<tr><td>骑三轮车</td></tr>
</table>

5. 根据分析报告，提出促进果果动作发展的合理建议。

措施及建议

（依据观察结论给出的建议）

1.

2.

3.

总结提升

婴幼儿要学习和发展粗大动作，包括抬头、翻身、独坐、爬行、站立、行走等，这些基本动作是一切学习的基础。众多理论和实践的研究也证明，婴幼儿时期是粗大动作产生和发展的关键期，开展婴幼儿粗大动作的观察、记录与评价活动，有助于成人及时了解婴幼儿的粗大动作发展水平，尽早对婴幼儿进行全方位的动作训练，为婴幼儿的健康成长打下基础。

任务二　0～3岁婴幼儿精细动作观察、记录与评价

情境导入

20月龄的周周要撕贴纸，第一次没有成功，一旁的奶奶便立刻把贴纸撕下来递给周周。妈妈提示奶奶不要帮他，让周周自己来，如果奶奶想帮忙，可以帮助把贴纸掀起一角。到了粘贴环节，周周将不黏的一面往纸上贴，奶奶又帮助周周贴在了纸上。大约玩了2分钟，周周对贴纸没有兴趣了。

思考答疑

1. 周周为什么对贴纸没有兴趣了？
2. 在周周游戏的过程中，奶奶如何介入比较合适？
3. 成人应如何训练周周的手部精细动作？

知识点拨

1～9个月婴儿抓握指导要点

婴幼儿的手部精细动作发展对个体的大脑发育有着十分重要的意义。从婴儿期开始，精细动作的发展会有利于大脑完成相关的联系，增加脑部的沟回，有利于大脑的发育和智力的开发。手部精细动作包括抓握动作和操作动作。例如，手掌大把抓握较大物品，拇指与食指分开准确捏取一些很小的东西。包括进食、更衣、书写等在内的各种精细运动活动均以抓握物体、将手伸向物体、随意放下物体、腕关节可在各个方向活动4项基本动作为基础。其中，抓握动作是个体发展最早和最基本的精细动作，是各种复杂工具性动作发展的基础。

一、1～3个月婴儿抓握指导要点

（一）获得触觉经验的训练

1个月内的婴儿，小手常常呈现为握拳状，有时也能张开。成人可经常轻轻扳动、捋顺其手指，或轻轻活动其双手，增强其手指各关节的灵活性，促进手的自然开合。出生后1～2个月的婴儿，可以让其尝试抓握不同质地、适合婴儿小手抓握的物品，比如拨浪鼓、海绵条、绒布头、纸卷、小积木等或者经常给宝宝抓成人的手指，使其获得触觉经验。2、3个月后，成人还要给婴儿手指进行按摩，从手心到手背，再到每个手指头，每天2～3次。

（二）用手拍抓的训练

婴儿2个月后，可以在其眼前悬吊一些玩具，让婴儿自己动手击打、够取、抓握。例如，可以在手套内填充棉花，吊在婴儿的小手能够得到的地方，吸引婴儿去抓。婴儿看到后会用小手去拍打并抓握它，手套有5个指头，抓住一个还有好几个，总是抓不完，婴儿会玩得兴致盎然。3个月大的婴儿抓握动作开始发展，手经常呈半张开状态，有时两只手能凑到一起，玩弄自己的衣襟，偶然能把衣襟拉到脸上；常会用手去抓周围的东西，并试图把物体抓住，但因为对距离判断得不准确，不容易成功。此时可以把体积小、颜色鲜艳的玩具如小塑料球放在婴儿面前，逗引婴儿用手抓握。

二、4～6个月婴儿抓握指导要点

（一）触觉灵敏度的训练

交替地把一个直径为2～2.5厘米的小球放在婴儿的左右手上，让婴儿抓握，以锻炼手的皮肤感觉。球的重量要有区别，材料要有软有硬，如塑料球、木球、皮球、绒布球等。球也可以用线绳吊起来，刚好能让婴儿握住。也可用帆布、毛巾布、花布缝制的小布包，也有助于手的抓握动作训练，尤其对大拇指的训练很有好处，可以增强婴儿手掌触觉的灵敏度。

（二）双手握奶瓶训练

结合对婴儿的手部抓握训练，可以教婴儿用手抓握奶瓶吃奶或者喝水。开始时，成人可以用手拿着奶瓶，让婴儿双手扶在奶瓶的中间部位。成人手持奶瓶，主要是掌握奶瓶的倾斜程度，以控制流量避免呛到婴儿，等到婴儿渐渐能自己掌握以后，便可以放手让婴儿自己握奶瓶。

（三）摇动、敲打训练

婴儿5个月的时候，在其有了抓握能力的基础上，可以拿一个能发声的、带柄的玩具，如拨浪鼓、摇铃等，吸引婴儿去拿，待婴儿拿到后，握住婴儿的手一起做摇动动作，使婴儿感到有趣，从而主动拿物摇动。

等到婴儿两只手都会摇动后，成人可先让婴儿双手各拿一个玩具，抓住他的双手对敲，也可以示范给婴儿看，让其模仿。还可教婴儿用一只手敲打玩具，开始时手把手教，之后可以示范让婴儿慢慢掌握。

（四）拇指和其余四指对立握物

6个月以前，婴儿是在用手握物，大拇指几乎不起作用；6个月以后，婴儿的拇指和食指分开，可以尝试让婴儿拇指和其余四指对立抓握积木棒、花铃棒等。

（五）双手配合动作训练

6个月时，婴儿在能够准确抓握及模仿敲、摇玩具的基础上，开始发展双手的共同活动，首先是换手。在和婴儿玩的时候，可有意识地连续向他的一只手递玩具或食物，训练其将物品从一只手换到另一只手上。这种最初的双手配合活动很重要，通过它可以观察出婴儿双手活动是否正常一致。

三、7～9个月婴儿抓握指导要点

（一）拿起、放下动作

婴儿学习拿、放玩具一般都有一个过程，开始时不会有意识地放下手中的东西，可能只是随便地松手将玩具扔掉，这时，成人可以做拿起、放下的示范动作，并反复强调“放下”，让婴儿模仿。

（二）大拇指动作训练

这个时期婴儿开始形成各种姿势的抓握，要对其进行一些训练，促进其大拇指的运动。可以拿有柄的玩具给婴儿，如拨浪鼓。由于这类玩具品种不多，因此成人可以自制一些布偶玩具，一定要有胳膊和腿，以便于婴儿抓握。

（三）食指动作训练

除了大拇指的练习，还要进行食指的练习。可以训练婴儿用食指拨弄玩具、拨按电话键，还可以让婴儿把食指伸进小瓶子里做抠的动作（注意瓶口直径要在2厘米以上）。

（四）拇指、食指配合的捏取动作

9个月时，婴儿已经会用拇指和食指捏取小物体，会把蒙在脸上的纱巾拉下来，会将物体放入瓶子或盒子中并反复放入、倒出。这时，成人可以让婴儿练习剥糖纸、拿饼干、摆弄积木、套盒子等。

实践演练

教育家苏霍姆林斯基说：“儿童的智力在他的指尖上。”因为对手的操作的控制来自大脑最高级的区域——皮层的条形区。这一区域横跨了整个大脑，手上的动作越细致，支配它们的相应脑区就越大，也就越能刺激大脑和认知系统的发展。由此可见，对婴幼儿手部精细动作发展的科学观察、记录与评价尤为重要。

学堂在线

米兜翻书

请扫码观看 12 个月宝宝米兜的动作发展视频实录，并完成以下任务：用“实况详录法”和“轶事记录法”对视频中宝宝的精细动作发展情况进行记录，并对照本月龄宝宝的精细动作发展水平测评指标进行分析评价。

观察对象		观察时间	
观察情境			
客观记录		主观判断	

知识点拨

0～3岁婴幼儿精细动作发展观察项目及要点

月龄	观察项目	观察要点
0～3M	抓握动作	1M 抓握反射 2～3M 松拳抓物 4M 自行耙抓 5M 双手各自抓物 6M 模仿敲打玩具 7～9M 倒手、对捏 9～12M 投放、撕纸 12M 全掌握笔 13M 拿汤匙吃饭 13～18M 涂鸦动作、拿汤匙进食、搭叠积木 19～24M 仿画直线、脱鞋和外套、积木搭桥 25～30M 仿画横线、穿扣动作、穿无带鞋 31～36M 仿画圆圈、解纽扣、使用工具
	耙抓动作	
4～6M	双手抓物	
	敲打玩具	
7～9M	倒手动作	
	对捏动作	
	翻书动作	
10～12M	投放动作	
	撕纸动作	
	全掌握笔	
13～18M	涂鸦动作	
	拿汤匙进食	
	搭叠积木	
19～24M	仿画直线	
	脱鞋和外套	
	积木搭桥	
25～30M	仿画横线	
	穿扣动作	
	穿无带鞋	
31～36M	仿画圆圈	
	解纽扣	
	使用工具	

总结提升

婴幼儿手部精细动作的发展对个体的大脑发育有着十分重要的意义。从婴儿期开始，精细动作的发展有利于大脑完成相关的联系，增加脑部的沟回，有利于大脑的发育和智力的开发。开展婴幼儿精细动作观察、记录与评价活动有助于成人及时了解婴幼儿的精细动作发展水平，有针对性地开展指导训练，促进婴幼儿的发展。

任务三　0～3 岁婴幼儿动作发展活动设计

情境导入

凡凡已经 9 个月了，但还是不会爬行，请尝试为凡凡设计一个训练“爬”的动作发展活动。

以下是提供的活动材料：爬行垫、玩具小乌龟、拨浪鼓、铃铛。请自选活动材料，设计动作发展活动方案。

学堂在线

爬行训练视频

思考答疑

1. 请制定本次动作发展活动的目标。
2. 完成本次动作发展活动的设计与组织。

知识点拨

动作发展活动的设计是指根据婴幼儿动作的发展规律和特点，创设一定的环境，设计出对婴幼儿进行动作发展教育的活动内容和方法。

一、做操

（一）婴幼儿体操（粗大动作训练）

婴幼儿体操是婴幼儿动作锻炼中常用的一种方法和手段。婴幼儿体操不仅可以促进婴幼儿的全身发育，还可以增进亲子关系。婴幼儿体操的锻炼应该从小开始，坚持不懈，体操的动作由简单到复杂，活动量由小到大，贯彻循序渐进的原则，逐步提高他们的体能。婴幼儿体操大致可以分为婴幼儿被动操、婴幼儿主被动操、模仿操、轻器械操等类型。

学堂在线

被动操

（二）手指操（精细动作训练）

手指操是指利用手指来做的精细动作活动。做手指操可以循序渐进地锻炼手的小肌肉群，提高婴幼儿动作的灵活性、准确性和控制能力。

学堂在线

手指操

二、动作游戏

在婴幼儿时期，教育者要充分利用婴幼儿的游戏活动，进行促进婴幼儿大动作发展的训练。比如，要发展婴幼儿向前跳跃的动作能力，可以让婴幼儿扮演小兔子采蘑菇。活动中给婴幼儿佩戴小白兔的头饰，用卡纸做一些漂亮的蘑菇。这样婴幼儿就会沉浸在游戏氛围中，从而在愉悦的过程中锻炼向前跳跃的动作能力。

三、生活教育

动作指导活动的目的就是要让婴幼儿能够在生活中具有自主行动、自我服务的能力。因此，教育者在选择动作指导的内容时，要注意选择那些与婴幼儿的日常生活密切相关的动作，比如走的动作、上下楼梯动作、投掷动作、翻书动作、使用工具的动作等。选择的指导方法也要与生活紧密联系起来。

四、环境影响法

创设良好的动作发展环境，能够潜移默化地影响婴幼儿的动作发展。环境包括物质环境和心理环境两类。前者指家庭和机构中影响婴幼儿动作发展的时间、空间、设备、材料等，教养者或保育者要尽量设计一个适宜婴幼儿动作发展的物质环境，后者指尊重婴幼儿的发展特点和自主行为，帮助婴幼儿获得更好的发展。

实践演练

爬行动作发展活动设计。

活动名称：

活动目标：

活动准备：

活动过程：

一、导入活动：

二、组织活动：

三、结束活动：

四、延伸活动：

知识点拨

导入活动：导入的主要目的在于引起婴幼儿参与活动的兴趣、吸引婴幼儿的注意力，一般可以采用简单的方法，如提问、出示直观教具、讲述故事、猜谜语等方式。

组织活动：教师将动作训练融入活动、游戏中，通过演示、具体的提问、婴幼儿体验等引导婴幼儿逐步深入活动过程，深化思考，积极主动获得知识经验，发展相应的能力。

结束活动：游戏结束时，指导婴幼儿将活动中用过的玩具或材料放回到指定位置。婴幼儿在玩具归位的过程中，获得活动即将结束的信号，同时在共同整理的过程中，培养良好的生活习惯。

延伸活动：继续组织一些与此活动内容相关的其他辅助性活动，例如向家长建议一些在家中可以进行的活动形式，以及在家中可利用的材料和环境，继续深化和丰富教育内容。

学堂在线

动作训练活动方案

总结提升

动作发展活动的设计是指根据婴幼儿动作的发展规律和特点，创设一定的环境，设计出对婴幼儿进行动作发展教育的活动内容和方法。在设计时，应从游戏活动、生活教育以及环境入手灵活开展，以达到促进婴幼儿动作发展的目的。

课后巩固

课后提升

到早教机构或幼儿园实地观察婴幼儿的动作发展情况，完成观察记录。

观察对象		观察时间	
观察情境			
客观记录		主观判断	

拓展资源

抬头与翻身动作的指导训练

一、抬头动作训练

（一）俯卧抬头

婴幼儿睡醒后活动时，可让他俯卧在床上，两臂曲肘在胸前支持身体。大人在婴幼儿面前用温柔的声音逗弄他，摇晃鲜艳的、带响声的玩具逗引他抬头。这样能训练婴幼儿抬头动作，增强其颈部和背部肌肉的力量，对呼吸、血液循环也有好处。婴幼儿从低头俯视的最近距离到抬头所见到的最远距离会越来越大，由此能逐渐培养婴幼儿观察事物的兴趣，进一步促进其大脑的发育。

训练时，注意床面要平坦、舒适，最好有一定的硬度，但训练时间不要太长，以免婴幼儿太累。一般在婴幼儿出生后 10 天左右就可以进行，时间最好选在两次喂奶之间。抬头的动作从抬起头与床面成 45° 开始，到 3 个月时能稳定地抬起 90°。可将玩具从婴幼儿的眼前慢慢移动到头部的左边，再移到婴幼儿的右边，让婴幼儿的头随着玩具的方向转动。

（二）竖抱抬头

喂奶后，妈妈可将婴幼儿竖直抱起来，使其头部靠在妈妈的肩上，并轻轻地拍儿下背部，使婴幼儿打个嗝，以防止刚吃饱而溢乳。注意不要扶住头部，而是让婴幼儿的头部自然立直片刻，如此每天练习 4 ～ 5 次，以促进其颈部肌力的发展，使其头部能早日抬起。

（三）俯腹抬头

在婴幼儿空腹时，将其放在成人的胸腹前，并使其自然地伏在成人腹部，然后用双手按摩婴幼儿的背部，逗引他抬头，婴幼儿有时会抬起头来。

（四）坐位竖头

将婴幼儿抱起，坐在成人的一只前臂上，并使婴幼儿的后脑勺贴在成人的前胸，成人的另一只手抱住婴幼儿的胸部，使婴幼儿面前呈现广阔的空间，让他能注视到周围更多新奇的东西，这样可以激发婴幼儿的兴趣，使婴幼儿能主动练习竖头的能力。

（五）扶肩抬头

扶肩是练习抬头的一种方式。婴幼儿吃完奶之后，妈妈在拍嗝的时候，让婴幼儿趴在自己的肩上，轻轻拍他的后背，这实际上也是训练婴幼儿颈椎力量的一种方法。在练习时，婴幼儿坐在哪只手臂上就让婴幼儿趴在哪一边的肩上。让婴幼儿的脸贴在妈妈的脸上，既可以保护婴幼儿，又可以训练他抬头的能力。

（六）直立抬头

成人一手抱住婴幼儿，一手撑住他的头部及背部，使婴幼儿头部处于直立状态，边走边变换方向，让婴幼儿观察四周，促使他自己将头竖直。当婴幼儿用双臂支撑在前身抬头时，成人将玩具举在婴幼儿的头前，左右摇动，使他向前、左、右 3 个方向看，引导婴幼儿用肘部支撑，使头抬得更高些，锻炼颈椎和胸背肌肉。

（七）转头训练

让婴幼儿学会转头，能增强其活动力量，并能开阔视野。训练时，可将婴幼儿抱在身前，面向前方，与婴幼儿玩类似捉迷藏的游戏，并变换位置或摇动铃铛，或呼唤婴幼儿名字，或与他说话。总之，要尽量引起婴幼儿的兴趣，使他主动左右转头。这种训练每天可做 4 ～ 5 次，每次 1 ～ 3 分钟。在刚开始训练时，成人要将手放在婴幼儿的头两侧加以保护。

二、翻身动作训练

翻身是婴幼儿第一次真正意义上的全身运动，婴幼儿要借助头部、胸部、四肢等的力量，将身体翻转过来。翻身训练为接下来的肢体大动作——坐、爬、站、走、跑、跳的发展奠定了坚实的基础，同时翻身过程中的游戏交流也有助于促进婴幼儿感官能力的发展。因此，应多帮婴幼儿进行翻身练习。婴幼儿的翻身动作训练，要先从后仰卧位翻到侧卧位，然后再从侧卧位翻到仰卧位。

（一）侧翻动作

婴儿 1 个月后就可以做侧翻动作训练。训练时，可先用一个婴儿最感兴趣的发声玩具，在他头部的左右侧逗引，吸引婴儿转头注视。然后，可以一手握住婴儿的一只手，另一只手将婴儿同侧腿搭在另一条腿上，辅助婴儿向对侧侧翻注视，如此左右轮流侧翻练习，以帮助婴儿感觉体位的变化。这种侧翻动作，每次训练时间可在 2 ～ 3 分钟，每日 3 ～ 4 次。这个训练可增强婴儿颈部肌肉的灵活性和协调性，为侧翻身做好准备。

（二）亲子翻身

让婴幼儿俯卧或者仰卧在成人身上，通过成人的翻身，带动婴幼儿的翻转。这种亲子接触不仅会让婴幼儿有安全感，同时在共同翻转的过程中，会让婴幼儿感受到新鲜的刺激，愿意去尝试。

但应注意，要与婴幼儿有一定的距离，不要压到他。

（三）摆弄翻身

就是将婴幼儿翻身的姿势事先摆好，让其借助外力翻身。让婴幼儿仰卧，然后在左侧放一个小玩具逗引他，让他有去拿的冲动。这时将婴幼儿的右腿放到左腿上，将右手放到胸前，轻轻地推婴幼儿的肩膀，使其抬离平面，一边拿玩具逗婴幼儿，一边用手推其背部，帮助他顺利完成翻身的动作。

（四）手脚并用

让婴幼儿仰卧在床上，轻轻地拉着婴幼儿的一只手，借助玩具、语言的逗引，慢慢顺势带动婴幼儿翻身；也可以握住婴幼儿的双腿，顺势带动翻身。但需注意的是，不要逆着婴幼儿的力量方向带动其肢体，这样会造成肢体的伤害，所以做这个游戏时一定要小心。

（五）左翻右翻

当婴幼儿开始翻身训练时，成人一只手扶住婴幼儿的肩部，另一只手扶住他的臀部，轻轻地给婴幼儿一点力量，这样婴幼儿就翻过来了。然后，再按此方法让婴幼儿进行另一侧的翻转。翻的时候注意动作不要太大，也不要太用力，以免弄伤婴幼儿的胳膊。

（六）俯卧翻身

婴幼儿翻身翻得非常好之后，可以让婴幼儿练习俯卧翻身，即让婴幼儿趴着，用玩具逗引他，让他从俯卧变成仰卧。刚开始的时候，可以给婴幼儿施加一点力量，帮助他双方向翻身。一开始练习俯卧翻身时，成人必须对婴幼儿进行保护。让婴幼儿练习翻身的时候，可以用一些玩具逗引他，注意逗引的时候，玩具要放在婴幼儿头的上方。

经常进行翻身训练，有助于婴幼儿肌肉关节和左右脑的发展，训练婴幼儿脊柱的肌肉和腰背部肌肉的力量，增强婴幼儿身体的灵活性；同时，也能扩大婴幼儿的视野，提高婴幼儿的认知能力。

考核评价

评价阶段	评价内容	佐证	教师评价	学生自评	学生互评	平台评测	是否达标（达标√ 未达标 ×）
课前自学	“学堂在线”完成度	平台数据					
	自学自测	完成测试题					
课中实训	访谈提纲设计	能够设计访谈提纲					
	动作发展清单设计	能够设计动作发展清单					
	动作观察记录	会用轶事记录法记录					
	动作观察分析报告	能够撰写分析报告					
	教育建议	能够提出教育建议					
	动作发展活动设计和组织	能够设计和组织动作发展活动					
	科学的儿童观、评价观	能够科学评价儿童					
	问题意识、研究意识	能够发现问题，研究问题					
课后巩固	课后提升	平台数据					
	拓展资源	平台数据					

项目三

0～3岁婴幼儿认知发展观察、记录与评价

项目概述

婴幼儿的认知发展是个体早期心理发展的重要组成部分，也是衡量个体神经系统及大脑发育水平的重要指标。

0～3岁是大脑发育的黄金时期，也是个体认知发展最为迅速的时期。对0～3岁婴幼儿的认知发展进行观察、记录与评价，有助于保教工作者了解婴幼儿发展的优势与弱势领域，进而提供有针对性的指导；也有助于研究者进一步探索婴幼儿发展的规律；同时有助于临床工作者鉴别婴幼儿的发育状况，以便于采取必要的措施促进有发展障碍婴幼儿的健康成长。

本项目重点学习0～3岁婴幼儿认知发展观察、记录与评价的内涵意义与原则，0～3岁婴幼儿认知发展观察、记录与评价的常用方法步骤，0～3岁婴幼儿认知发展的水平与特点，以及具体的实训任务：0～3岁婴幼儿记忆力的观察、记录与评价，0～3岁婴幼儿注意力的观察、记录与评价，0～3岁婴幼儿性别认知的观察、记录与评价，0～3岁婴幼儿认知发展活动设计。

学习目标

素质目标

1. 树立科学的儿童观、评价观。

2. 尊重婴幼儿认知发展规律，关心热爱婴幼儿。

3. 注重观察的主动性、敏感性、全面性。

4. 培养创新思维以及对工作的责任感和使命感。

知识目标

1. 理解 0～3 岁婴幼儿认知发展观察、记录与评价的内涵、意义与原则。
2. 掌握 0～3 岁婴幼儿认知发展观察、记录与评价的方法与步骤。
3. 掌握 0～3 岁婴幼儿认知发展的水平与特点。

能力目标

1. 能根据婴幼儿的认知表现分析婴幼儿的认知发展水平。
2. 能根据婴幼儿的认知发展水平提出合理的教育建议。
3. 能设计和组织婴幼儿认知发展活动。

案例先导

一岁半的瑞瑞正在玩积木游戏。他把积木块从大人拿着的一个塑料盒子上面的小洞塞进去，他调整着积木块，好让那些难放的积木块掉进去。每塞进几块积木，瑞瑞就把盒子端起来摇，当盒盖打开，积木散落在他周围时，他就兴奋地叫起来。

从 0 岁到 3 岁，孩子从幼小的、只有反射行为的新生婴儿变成了自主的、有目的性的人，他们开始解决简单的问题。这一切是怎么发生的呢？

课前自学

一、0～3 岁婴幼儿认知发展观察、记录与评价概述

学堂在线

婴幼儿认知发展观察、记录与评价概述

（一）婴幼儿认知发展观察、记录与评价的内涵

婴幼儿认知发展观察、记录与评价是指依据一定的评价标准，采用各种定性、定量的评价方法，对婴幼儿的认知发展做出价值判断并寻求促进其认知发展的途径的一种活动。定性的评价是指对婴幼儿的认知发展进行语言描述，而定量的评价主要是用数学语言对婴幼儿认知发展观察结果进行描述。

（二）婴幼儿认知发展观察、记录与评价的意义

充分了解婴幼儿的身心发展特点，是为其提供适宜性保教的前提条件。

认知涉及个体的感知觉、注意、记忆、思维、问题解决、语言、想象等心理过程，是 0 ～ 3 岁婴幼儿探索世界的主要方式，也是婴幼儿学习能力形成和发展的基础。

早期认知功能对婴幼儿的脑结构与功能发展、诸如执行功能等高级认知功能发展，以及日后在学龄阶段、青少年期乃至整个成人期的智能水平、学业成就、社会适应等心理发展的众多方面有着重要影响。引导婴幼儿正确的性别认知有助于预防性别认同障碍。

对 0 ～ 3 岁婴幼儿的认知发展进行科学评价，可以帮助研究者了解婴幼儿早期发展的规律，帮助实践工作者了解婴幼儿发展的优势与弱势领域，进而提供有针对性的指导与支持，同时可以帮助临床工作者鉴别发育迟滞，适时采取干预措施以促进婴幼儿的健康发展。

（三）婴幼儿认知发展观察、记录与评价的原则

1. 目的性原则

目的性是评价的核心。要把握两点：一是评价者的目的意识；二是对被评价者的责任意识。任何一项评价，明确清晰的目的将指导或制约评价者的评价行为。目的绝不能脱离原有的教育观念和教育思想，要摆脱功利主义，绝不能损害婴幼儿的利益。

2. 客观性原则

客观性是任何科学研究都必须遵循的一个基本原则。所谓客观性，就是按事物的本来面目去反映现实。我们在评价中应遵循客观性原则，不能只凭自己的主观认识，否则会使评价的结果受到影响，不能真实地反映事物的本来面目。

婴幼儿由于知识和经验的局限，他们对事物的理解方式往往跟成人不同，因此不能以成人的标准或评价者的意愿去解释婴幼儿的行为，不自觉地把婴幼儿当成了“小大人”。

在评价中只有坚持客观性原则，才使得评价结果科学、有效、可靠。

3. 教育性原则

教育性原则也是婴幼儿认知发展观察、记录与评价中必须遵循的一个重要原则。婴幼儿期是身心迅速成长的时期，是一生中受教育的重要时期，对婴幼儿认知发展的评价首先要考虑对婴幼儿教育的有利因素。评价中不管运用怎样的方法，都要考虑其对婴幼儿心理、生理有哪些有益成分；评价的材料、方法是否能引起婴幼儿的

活动兴趣；活动时间、活动形式是否适合婴幼儿的认知发展；创设的评价环境是否能让婴幼儿驾驭；是否有妨碍婴幼儿身心发展的措施和方法。

评价者的教育性以赏识为核心，即对婴幼儿经常给予由衷的赞赏和肯定。在评价婴幼儿活动时，要耐心观察婴幼儿的发现，投以赞赏的目光，用欣赏的口吻夸奖他们，激励他们更积极地投入活动。婴幼儿认知是一种心理状态，在评价中绝不能干扰或指挥婴幼儿的活动，更不能丢弃教育的本质。

4. 全面性原则

在评价中全面性原则尤为重要，可以从评价对象的全面性和评价内容的全面性来确定评价的可靠性和准确性。

从评价对象的全面性可以解释婴幼儿认知发展的普遍性，要对不同年龄段婴幼儿、同一年龄段的全体婴幼儿进行评价，绝不能以个别替代全体的结果，形成片面的评价判断。只有坚持评价对象的全面性，才能保证评价工作的科学性。

评价内容的全面性由婴幼儿的年龄特点、学习规律所决定。因此，我们在拟定评价内容时，要注重纵向内容的系统性、横向内容的差异性与婴幼儿认知发展有关元素的分类评价，注重信息采集的科学性、全面性。

二、0～3岁婴幼儿认知发展观察、记录与评价的常用方法和步骤

（一）婴幼儿认知发展观察、记录与评价的常用方法

1. 实际操作法

实际操作法指提供丰富多样的认知材料，有目的、有计划地对婴幼儿的想象力、表达能力、记忆力、思维力、观察力、操作性进行评价。由于婴幼儿的年龄特点和认知规律与成人不同，因此在实际操作中，离不开丰富的环境刺激，也离不开个体主动积极的活动。只有在积极的活动中，婴幼儿的体验才能内化为个体的认知水平，评价者才能获取有价值的信息，从而科学分析婴幼儿认知发展的结构，解读婴幼儿的心理过程，为开展婴幼儿认知活动与教育奠定基础。

2. 自然观察法

自然观察法指在自然状态下，有目的、有组织、有计划地对婴幼儿在认知活动中的行为表现进行观察、记录，客观地反映婴幼儿活动水平，从中获取婴幼儿认知发展的信息。通过自然观察，评价者得到的信息不仅真实，而且非常丰富。自然观察法中常用的观察记录表如表 3－1、表 3－2 所示。

表 3－1　婴幼儿个体认知活动情况观察记录表

<table>
<tr><td>观察日期</td><td></td><td>婴幼儿姓名</td><td></td><td>性别</td><td></td><td>保教工作者</td><td></td><td>观察者</td><td></td></tr>
<tr><td colspan="4" rowspan="2">观察线索提示</td><td colspan="3">评价等级</td><td colspan="3" rowspan="2">描述</td></tr>
<tr><td>★</td><td>★★</td><td>★★★</td></tr>
<tr><td colspan="2" rowspan="2">婴幼儿活动所用材料</td><td colspan="2">所在区域</td><td></td><td></td><td></td><td></td><td></td><td></td></tr>
<tr><td colspan="2">活动材料</td><td></td><td></td><td></td><td></td><td></td><td></td></tr>
<tr><td colspan="2" rowspan="4">婴幼儿操作</td><td colspan="2">兴趣点</td><td></td><td></td><td></td><td></td><td></td><td></td></tr>
<tr><td colspan="2">使用情况</td><td></td><td></td><td></td><td></td><td></td><td></td></tr>
<tr><td colspan="2">持续状况</td><td></td><td></td><td></td><td></td><td></td><td></td></tr>
<tr><td colspan="2">言语表现</td><td></td><td></td><td></td><td></td><td></td><td></td></tr>
<tr><td colspan="2" rowspan="3">婴幼儿交往</td><td colspan="2">与保教工作者关系</td><td></td><td></td><td></td><td></td><td></td><td></td></tr>
<tr><td colspan="2">与同伴关系</td><td></td><td></td><td></td><td></td><td></td><td></td></tr>
<tr><td colspan="2">能否发起活动</td><td></td><td></td><td></td><td></td><td></td><td></td></tr>
<tr><td colspan="4">当日活动总体状况评析</td><td></td><td></td><td></td><td></td><td></td><td></td></tr>
</table>

表 3－2　婴幼儿认知活动“问题”观察记录表

<table>
<tr><td>观察类别</td><td></td><td>内容</td><td colspan="2"></td></tr>
<tr><td colspan="3" rowspan="5">（贴照片）</td><td>观察日期</td><td></td></tr>
<tr><td>观察班级</td><td></td></tr>
<tr><td>观察区域</td><td></td></tr>
<tr><td>观察者</td><td></td></tr>
<tr><td>观察对象</td><td></td></tr>
<tr><td>婴幼儿活动遇到的问题</td><td></td><td>问题解决实录</td><td colspan="2"></td></tr>
<tr><td>分析</td><td colspan="4"></td></tr>
<tr><td>评价</td><td colspan="4"></td></tr>
</table>

3. 情景观察法

情景观察法就是通过情景感知、角色体验、游戏参与、行为训练等活动，观察婴幼儿的认知活动。

婴幼儿在情景丰富的游戏环境中的行为是他们心理过程的重要表现，从中不仅能看到婴幼儿自然认知发展水平，同时也能观察婴幼儿社会认知发展水平。情景丰富的游戏能给婴幼儿带来快乐，面对新事物、新现象、新问题及其关联的场景，他们表现出敏感、判断行为，言语行为也很丰富。游戏中婴幼儿的直觉思维会催生出创造性、重构性和领域性认知能力的萌芽，因为情景会激活婴幼儿的悟性，帮助婴幼儿形成想象，进而形成形象思维和抽象思维的相互补充、相互促进，同时也会促进婴幼儿认知的发展，使评价者掌握来自婴幼儿认知活动的更多信息。

4. 问卷调查法

问卷调查法在婴幼儿认知发展观察、记录与评价中也很重要，因为婴幼儿认知的发展不仅表现在托幼机构，在家庭中也时常会有所表现，所以为使评价更加科学、完整，我们需要通过家长问卷让家长真实反映孩子在家里的学习、活动情况。在问卷调查中，要根据不同年龄的婴幼儿，对照不同标准的认知水平提取信息，不同年龄有着不同的等级。

婴幼儿对客观世界的认知活动，可以理解为信息获得、储存、加工和使用的过程。随着年龄的增长、信息加工能力的提高，婴幼儿开始进行心理活动，并通过生活经验的积累，促进信息加工能力的进一步发展。婴幼儿认知活动调查表如表 3－3 所示。

表 3－3　婴幼儿认知活动调查表

内容	说明	标记	描述
知觉	自己知觉到某一事物时会做出解释	～ － × ＋	
注意	在日常生活中有意注意时有发生	～ － × ＋	
记忆	对认识食物的记忆	～ － × ＋	
	对一般认识卡片的记忆（动物、植物、日常用品、学习用品）		
喜欢周围的世界	对周围的事物表示好奇	～ － × ＋	
问题解决	用自己的能力解决问题	～ － × ＋	

说明：～非常少　－ 少　× 有一些　＋很活跃

（二）婴幼儿认知发展观察、记录与评价的步骤

1. 明确评价内容和标准

婴幼儿认知发展观察、记录与评价的内容主要有四部分：感知觉、注意、记忆、思维。

婴幼儿认知发展评价标准分为三级：（1）一级，在适当年龄能够灵活、熟练、协调地完成各认知活动要求；（2）二级，在适当年龄能在帮助下较熟练、灵活地完成各认知活动要求；（3）三级，在适当年龄只能部分或较差地完成各认知活动要求。

2. 确定评价方法

方法的选择与使用要配合内容的性质与需要，还要考虑评价对象的特点。

3. 搜集和分析反映婴幼儿认知发展的资料

搜集资料是指对通过观察、调查等方式获得的关于婴幼儿认知发展的资料进行汇总、整理。在此基础上，使用统计学方法对搜集得来的资料进行定性与定量分析。

4. 实施评价

根据评价标准及搜集和分析的资料，对婴幼儿认知发展进行具体评价，了解婴幼儿认知发展情况。

5. 评价结果反馈及制订促进婴幼儿认知发展的计划

评价的目的不是检查，而是在于通过评价来促进婴幼儿认知的发展，因此要将评价结果以恰当的方式反馈给有关人员，然后根据婴幼儿具体情况制订具体计划，逐渐促进婴幼儿认知的发展。

三、0～3 岁婴幼儿认知发展的水平与特点

（一）婴幼儿感觉发展的水平与特点

0～3 岁婴幼儿的感觉发展有何特点和规律？下面从 0～3 岁婴幼儿认识世界的主要感觉通道来展开介绍。

1. 视觉

（1）视觉的发生。

新生儿即具备了一定的视觉分辨和视觉记忆能力。他们对长时间观察的物体的注意时间会逐渐缩短，似乎有些厌倦，而当新的物体出现时，又会表现出兴趣，注意的时间会延长。当妈妈的装扮发生变化时，例如突然戴上口罩或是框架眼镜，宝宝会表现出迷惑不解的神情。有研究甚至发现 4～5 个月的胎儿就已经能够对照射在母亲肚子上的强光做出视觉反应。

（2）视觉集中能力的发展。

由于眼肌协调能力差，在刚出生的 2～3 周内，婴儿很难将视觉焦点保持在客体上。这个时候，常可以看到婴儿两眼不协调的运动，如两只眼分别向右和向左，或是相互靠近（俗称“斗鸡眼”）。出生 2～3 周后，婴儿开始能够将视线集中在物体上，但集中的时间较短。3～5 周的婴儿能对距离 1～1.5 米的物体注视 5 秒，3 个月的婴儿能对距离 4～7 米的物体注视 7～10 分钟，5～6 个月的婴儿已经能够注视距离相当远的物体了，如天上的飞机。

（3）视敏度的发展。

视敏度即我们常说的“视力”，是指眼睛精确地辨别细小物体或一定距离以外物体细微部分的能力。

研究显示，一个月以内的新生儿的视敏度范围是 20/200 到 20/600（Schiffman et al.，2000），即正常成人相距 200 ～ 600 英尺（1 英尺 =0.304 8 米）能看清的细节，一个月以下的新生儿要在 20 英尺处才能看见，可见其是“高度近视”的。新生儿的最佳注视距离为 15 ～ 20 厘米。出生 1 个月后婴儿的视敏度快速发展，6 个月时已经达到 20/100，因此出生后半年是婴儿视敏度发展的关键期。

（4）颜色视觉的发展。

颜色视觉是指辨别颜色细微差异的能力，也称辨色力。

3 个月前的婴儿对蓝色比较不敏感。3 个月的婴儿已经能够进行三色视觉辨别，具备了分辨各种颜色的能力，4 个月时婴儿的颜色感知能力已经接近成人。

2 岁左右的婴幼儿已经能认识一些颜色，认识红、黄、蓝、绿等基本色要比混合色（如紫红）和近似色（深蓝和浅蓝）更容易。

3 岁的婴幼儿能认清基本颜色，但对各种颜色的色度难以辨别，如蓝和天蓝，绿和草绿。婴幼儿在颜色视觉习得过程中，一般先能分辨和认识颜色，然后才掌握颜色的名称。3 岁的婴幼儿开始能说出一些颜色的名称。

2. 听觉

（1）听觉的发生。

研究证实，胎儿在 5 ～ 6 个月的时候就已形成听觉。6 个月以上的胎儿会在外界出现诸如汽车喇叭声之类的大声响时做出翻身、踢腿等动作反应。法国心理学家认为，8 个月以后的胎儿，对低音比高音更敏感。

（2）听觉敏锐度。

新生儿的听觉敏锐度较差，对较弱的声音不敏感。刚能引起新生儿听觉的声音刺激比刚能引起成人听觉的声音刺激，在较好的状态下，一般高 10 ～ 20 分贝，在较差的状态下，一般高 40 ～ 50 分贝。在刚出生的几小时，新生儿的听力跟成人感冒时的水平差不多。随着年龄的增长，儿童的听力逐渐提高，通常在 14 ～ 19 岁时达到听力最好的状态。

（3）听觉偏好。

婴幼儿对于语音和音乐的偏爱是具有先天性的。研究发现，1 ～ 2 个月的婴儿似乎已经偏爱乐音（有规律而和谐的声音）而不喜欢噪声（杂乱无章的声音）；2 个月以上的婴儿更喜欢优美舒缓的音乐，而不喜欢强烈紧张的音乐；7 ～ 8 个月的婴儿已经会合着音乐的节拍而舞动四肢和身体。婴幼儿喜欢听说话的声音，尤其喜欢听母亲说话的声音。即使是出生只有 3 天的新生儿，也能表现出对母亲声音的偏好。婴幼儿喜欢安详、愉快、柔和的语调，而对生硬、呆板、严厉的声音则会表现出烦躁、不安。

3. 触觉

触觉是胎儿最先获得的感觉。当胎儿 5 ～ 6 周时，触觉功能已开始运作；2 个月时胎儿就已出现觅食反射的迹象了；4 个月的胎儿已会借由吸吮拇指来安抚自己；妊娠期 32 周时，胎儿身体的各个部位都能感觉到触碰。新生儿触觉最灵敏的部位为唇、舌、耳朵及前额，他们靠着唇部敏锐的触觉搜寻奶嘴或乳头，以获取口腹的满足，并带来舒适放松的情绪。新生儿的手、脚对触觉刺激也很敏感，可借着双手到处摸索、操弄玩具，以了解物质的温度、湿度、硬度与质感。

4. 嗅觉和味觉

胎儿 6 个月大时即有嗅觉功能，并能将母亲的气味保存在记忆中，所以出生后当闻到母亲的气味时他们会感到很快乐，且能透过嗅觉来辨认母亲。此外，新生儿具有嗅觉鉴别能力，会对不同的气味表现出不同的反应。如当闻到风油精、酒精或醋等强烈或刺激的气味时会将头转开或皱眉，但当闻到母乳的香味时则会将头转向或钻进母亲怀里，且能分辨出母亲的乳汁与其他妇女乳汁的味道，所以嗅觉也可以说是新生儿寻找母亲乳房或食物来源的侦测器。

胎儿 8 个月大时即有味觉能力，出生时已有完整的味觉功能，所以新生儿有能力分辨不同的味道，对各种不同的味道会有不同的面部表情，如吃到甜味会引起急切的吸吮及满足的表情，吃到酸味会噘嘴，吃到苦味会皱眉、难过或生气，且当吃到酸、苦的东西时，通常会拒绝吞咽而吐出来，对于无味道液体则无面部表情。

（二）婴幼儿知觉发展的水平与特点

知觉是在感觉的基础上产生的，它是人脑对直接作用于感官的客观事物各种属性的综合反映，受过去经验、需要、动机、兴趣、情绪和态度等因素的影响。

1. 空间知觉的发展

空间知觉是指人脑对物体空间特征的反映，它包括形状知觉、大小知觉、方位知觉和距离知觉。

（1）形状知觉的发展。

0 ～ 2 个月婴儿的形状知觉偏好：容易关注运动变化的图案；偏爱对比鲜明（如黑白）的图案；更喜爱中等复杂的图案；更偏爱人脸的图案；关注图形的局部特征（如三角形的角），而不是图形整体（整个三角形）；更多注视图案的边缘，而不是图案内部；更偏爱有一定意义的成形图案，而非不成形的图案。

2 个月以后婴儿的形状知觉偏好：更喜欢复杂的和轮廓密度大的图形；与直线相比，他们更喜欢曲线和弧线；喜欢同心圆多于非同心圆；喜欢立体图形多于平面图形；更爱注视新奇的图形；偏好不规则的图形；与不对称的图形相比，更喜爱对称的图形；开始从注意图形局部向注意整体发展；从只注意图形轮廓向注意图形内部发展。

婴儿在 3 个月时已有了分辨简单形状的能力，在 8 ～ 9 个月前能够具备形状恒常性。3 岁的婴幼儿能够掌握一些简单的几何图形，如圆形、正方形、三角形等，主要表现在形状的匹配能力上，但正确说出几何图形名称的能力较差，他们往往会用自己熟悉的物体名称代替几何图形的名称。

（2）大小知觉的发展。

大小知觉是对物体的长度、面积、体积在量方面的变化的反映。研究发现，6 个月前的婴儿已能辨别大小。婴儿已具备有限的大小恒常性，即当物体由于距离远近在视网膜上的映像大小发生变化时，并不导致婴儿对客体本身大小知觉的变化。2.5 ～ 3 岁的婴幼儿可以根据成人的语言指示拿出大皮球或小皮球，3 岁后婴幼儿判断大小的精确度有所提高。2.5 ～ 3 岁是婴幼儿判别平面图形大小能力快速发展的阶段。

（3）方位知觉的发展。

方位知觉是对自身或物体所处空间位置的反映，如对上下、左右、前后、东西南北中的知觉。有研究证明，婴儿出生后就有听觉定位的能力，会将头转向声音传来的方向。婴幼儿方位知觉的发展遵循的顺序是：上下→前后→左右。一般认为，3 岁的婴幼儿能辨别上下，前后和左右分别到 4 岁和 5 岁才能辨别。适当的早期教育可以对婴幼儿方位知觉的发展起到促进作用。

学堂在线

视觉悬崖实验

（4）距离知觉的发展。

距离知觉是对同一物体的凹凸程度或不同物体的远近程度的知觉。立体知觉和深度知觉都属于距离知觉。研究者通过设计视觉逼近实验和视觉悬崖实验来探讨婴幼儿何时具备距离知觉。

视觉逼近实验是向婴幼儿呈现一个以一定速度向其逐渐逼近的物体或影像，观察婴幼儿是否有闭眼、后仰、抬胳膊阻挡等防御性反应。实验发现：0 ～ 1 个月的新生儿已对逼近物有初步反应，2 ～ 3 个月的婴儿对逼近物有保护性闭眼反应；4 ～ 6 个月的婴儿对逼近物有躲避反应。这些实验结果说明婴儿有一定的距离知觉。

2. 时间知觉的发展

婴儿刚出生时对时间的感知是无意识的、不自觉的。婴儿主要依据其内部生理状态的变化来反映时间。比如对吃奶的时间形成条件反射，到点就感到饿、想要吃奶；到点就感觉到困乏，想要睡觉。2 岁左右的婴幼儿会模仿成人说一些表示时间的词，但却对时间词的意义不大理解。3 岁左右的婴幼儿开始形成初步的时间概念，但多与他们具体的生活事件相联系。

（三）婴幼儿注意发展的水平与特点

注意是心理活动对一定对象的指向与集中。根据注意时是否有目的，以及是否需要意志的努力，可将注意分为无意注意和有意注意。下面分别介绍 0 ~ 3 岁婴幼儿这两种注意的发展。

1. 无意注意的发展

新生儿即有一定的表现注意的能力。当出现巨大的声响时，正在吃奶的新生儿会暂停吸吮；明亮的物体会引起其视线的片刻停留。新生儿的这种反应被称为无条件定向反射，是无意注意发生的标志。

1 个月左右的婴儿开始对不同的刺激物表现出不同的选择性反应，出现“感觉偏好”。例如，他们会更多关注出现在眼前的母亲的脸、色彩鲜艳的物体、活动的事物等。但他们的这种选择性反应并不是有意识的、自觉的，而是无意识的、被动的。

1 ~ 3 个月的婴儿无意注意的发展主要体现在其感觉偏好的发展特点上：偏好复杂的刺激物；喜欢曲线多于直线；喜欢不规则图形多于规则图形；喜欢轮廓密度大的图形多于密度小的图形；喜欢具有同一中心的刺激物多于无同心的刺激物；喜欢对称的刺激物多于不对称的刺激物。

3 ~ 6 个月的婴儿无意注意的发展特点主要体现在以下几个方面：（1）由于头部运动自控能力加强，可以更容易地扫视环境，同时双手的触摸和抓取能力更加精细和稳定，婴儿获取可注意的信息的能力得到了发展。（2）婴儿的视觉注意进一步发展，视觉搜索的平均时间变短，更加偏好复杂的和有意义的视觉图像。（3）由于对外部世界的好奇心增强，主动探索和学习的内驱力增强，婴儿会更积极地寻求可能引发无意注意的事物。（4）随着对物体的观察和操作能力的发展，婴儿注意的品质有所提高。（5）婴儿的知识基础和生活经验不断丰富，其注意愈来愈受到其知识和经验的影响。

6 ~ 12 个月的婴儿清醒的时间增长，有更多的时间去探索各种外部事物，获得新信息的机会随之增多。6 个月以后，婴儿对熟悉的事物更加注意。这在社会性方面表现得更明显，婴儿开始特别注意母亲。

1～3岁婴幼儿无意注意发展的主要特点有：（1）注意的发展开始受到表象的影响。当看到的事物和婴幼儿大脑中已有的表象之间出现矛盾或差距较大时，婴幼儿会产生最大的注意。（2）注意的稳定性提高，2.5～3岁的婴幼儿最多能集中注意20～30分钟。（3）注意开始受到言语的支配。（4）注意对象增多，范围变广。婴幼儿开始能够注意到自己的内部状态，也开始注意周围人的活动。（5）注意转移和分配能力有了较大发展，但还不成熟，这与其大脑神经系统抑制能力和第二信号系统的发展有关。

2. 有意注意的发展

有意注意是指有预定目的，需要一定意志努力的注意。有意注意是一种积极、主动的注意，它往往与一定的任务和目的相联系，并且受人的意识自觉调节和支配。

有意注意是由脑的高级部位，特别是额叶控制的。额叶的发展比脑的其他部位迟缓，0～3岁婴幼儿的额叶发育尚不充分，仍以无意注意为主。但随着婴幼儿大脑的发育和自我控制能力的发展，婴幼儿的有意注意也开始萌芽，并逐步发展。

一般认为近3岁时婴幼儿才开始出现真正的有意注意。

（四）婴幼儿记忆发展的水平与特点

1. 记忆保持时间逐渐延长

虽然不同研究者采用不同的研究材料和研究方法所得出的0～3岁婴幼儿的记忆保持时间并不完全相同，但这些研究都揭示了一个共同的规律：0～3岁婴幼儿记忆的保持时间随着年龄的增长在逐渐延长。

2. 记忆容量不断扩展

0～3岁婴幼儿的记忆容量也是随着其年龄增长而不断扩展的。13个月的婴幼儿能完成由3个简单动作组成的系列活动的再现；24个月的婴幼儿能够记住5个步骤的顺序；30个月的婴幼儿已经可以记住8个不同动作构成的顺序。

3. 记忆内容以动作、情绪、形象为主，语词记忆逐渐发展

2岁前婴幼儿的识记以无意识记为主，一般缺少明确的目的，因此其感兴趣的、外部特征突出的、带有情绪色彩的事物、动作以及相关动作顺序等最容易被记住。2岁以后，随着认知能力的提高以及语言能力的迅速发展，婴幼儿的语词记忆开始增多，可以逐渐记住一些简单的儿歌、故事，可以根据成人的指令完成简单的任务。

4. 记忆提取的情境独立性提高

新生儿期的记忆提取主要是条件反射式的再认，只有条件刺激出现才能诱发其记忆再现。这是一种对情境高度依赖的记忆提取，这种依赖大概会一直持续到出生

后 6 个月左右。随着年龄的增长，婴幼儿记忆提取对情境的依赖性逐渐降低。7 个月后，婴儿具备了客体永久性所包含的短暂回忆。2 ～ 3 岁时，开始出现自传体记忆，其记忆的情境独立性进一步增强。

5. 记忆缺失现象

人们曾以为 3 岁前的婴幼儿是没有记忆能力的，这可能是因为大多数人能追溯到的最早记忆是从 3 岁左右开始的。这一记忆缺失的现象称为“婴儿期健忘”。

学堂在线

婴儿健忘症

（五）婴幼儿思维发展的水平与特点

在心理发展研究中，一般将对客观事物反应的间接性、概括性和解决问题的能力作为思维产生的指标。新生儿只有一些先天的本能反应，尚不具备思维。那么，婴幼儿是从什么时候开始产生思维的呢？

1. 表意性动作出现——认知出现间接性（11 ～ 12 个月）

表意性动作是指有一定目的、表达某种意愿的行为。11 ～ 12 个月的婴儿会用手指向想要的东西或想要去的地方。这种表意性的动作并不直接指向目的，而是一种向成人求助的信号，以间接的方式达到目的。手在这时成了一种具有象征性的、类似语言的符号，因此有人将手的这种表意性动作称为“手势语”。“手势语”表明婴儿的认知超越了被动感知的水平，有了初步的间接性。

2. 工具性动作出现——认知出现概括性（1 岁左右）

工具性动作是指按照物体的结构特征和功用使用物体的行为。1 岁左右，婴幼儿拿到物体后不再只是盲目地敲敲打打，而开始按照物体的结构特征或功用来操作物体。工具性动作的出现说明婴幼儿开始理解各种物品的功用，对不同种类物品操作方式的差异说明婴幼儿出现了初步的“类”的意识，这是其产生认知概括性的表现。

学堂在线

皮亚杰“感知运动阶段”相关理论

3. 试误出现——产生初步解决问题的能力（1 ～ 2 岁）

试误是由美国心理学家桑代克提出的，指的是通过不断尝试错误、减少错误尝试而最终形成正确反应的过程。1 ～ 2 岁的婴幼儿在遇到新问题时，会通过试误来寻找解决问题的方法。

婴幼儿从其人生的第 11 个月时就开始显现出思维的特征，因此可以认为思维的产生时间在 11 个月～ 2 岁。皮亚杰认为，婴幼儿的思维与言语真正发生的时间相同，即 2 岁左右。2 岁之前，是思维发生的准备时期。

自学自测

一、填空题

1. 婴幼儿认知发展观察、记录与评价是指依据一定的（　　　　），采用各种（　　　　）、（　　　　）的评价方法，对婴幼儿的（　　　　）做出价值判断并寻求促进其认知发展的途径的一种活动。
2. 婴幼儿认知发展观察、记录与评价的原则有（　　　　）、（　　　　）、（　　　　）、（　　　　）。
3. 婴幼儿认知发展观察、记录与评价的常用方法有（　　　　）、（　　　　）、（　　　　）、（　　　　）。
4. 婴幼儿认知发展观察、记录与评价的内容主要有（　　　　）、（　　　　）、（　　　　）、（　　　　）。

二、思维导图

请用思维导图的形式绘制出“婴幼儿认知发展观察、记录与评价的步骤”。

思维导图

课中实训

实训目标

1. 能掌握 0 ～ 3 岁婴幼儿认知发展的观察、记录与评价方法。

2. 能对 0 ～ 3 岁婴幼儿认知发展进行评价和分析，并撰写认知观察记录。

3. 能根据 0 ～ 3 岁婴幼儿的认知发展水平提出合理的教育建议。

4. 能设计和组织 0 ～ 3 岁婴幼儿认知发展活动。

实训内容

任务一　0 ～ 3 岁婴幼儿记忆力的观察、记录与评价

任务二　0 ～ 3 岁婴幼儿注意力的观察、记录与评价

任务三　0 ～ 3 岁婴幼儿性别认知的观察、记录与评价

任务四　0 ～ 3 岁婴幼儿认知发展活动设计

实训条件

婴幼儿认知发展观察、记录与评价的实施条件

名称	实施条件	要求
实训环境	理实一体化教室	校园网无线 Wi-Fi，可在线观看网络资源
物品准备	1. 签字笔；2. 记录本（活页）；3. 手机或平板电脑；4. 认知发展活动材料（玩具、教具等）	活动材料充足，满足婴幼儿需求
知识准备	1. 具备评价婴幼儿认知发展特点与水平的相关知识和操作技能；2. 具备婴幼儿认知指导活动的知识技能	理解记忆相关知识点

实训步骤

1. 根据婴幼儿年龄段回顾婴幼儿认知各方面发展水平。

2. 观察婴幼儿行为，撰写观察记录，分析婴幼儿认知发展的特点。

3. 根据婴幼儿认知发展特点，对照各年龄段婴幼儿认知发展的一般水平，分析婴幼儿认知发展的状况，完成分析报告。

4. 根据分析报告，提出促进婴幼儿认知发展的合理建议。

5. 完成婴幼儿认知发展活动的设计与组织。

任务一　0～3岁婴幼儿记忆力的观察、记录与评价

情境导入

果果6个月大的时候，妈妈经常陪她玩开灯关灯的游戏。每次开灯（灯亮了），妈妈就会说“开灯”；每次关灯（灯灭了），妈妈就会说“关灯”。看着灯一会儿亮、一会儿灭的样子，果果很开心，她很喜欢和妈妈玩这个游戏。有一次，妈妈出差一周，回家后和果果说“开灯、关灯”的时候，她仍然记得这个游戏，咯咯地笑了，快乐地舞动着双手，并看着天花板上的灯。

思考答疑

1. 请问果果的记忆力发展水平如何？
2. 妈妈可以怎样帮助她提高记忆力水平呢？

知识点拨

促进0～3岁婴幼儿记忆发展的活动指导

0～6个月的婴幼儿，记忆保持时间随着月龄的增加而增长。出生两天的新生儿能够模仿成人伸舌、张口和噘嘴等表情动作。1～2个月的婴儿经过日复一日的训练，可以积累信息形成长时记忆。3个月的婴儿相隔192小时（8天）以后重新学习旧“知识”时，出现了“重学节省”现象，这表明婴儿3个月时已具备了8天之久的长时记忆。6个月的婴幼儿能保持15天长时记忆。

婴幼儿记忆能力的发展是以其大脑成熟水平为基础的，但成人采用适当的方法对婴幼儿进行适当的记忆训练，在一定程度上也能为婴幼儿记忆的发展起到辅助和支撑作用。

一、0～3岁婴幼儿记忆有意性训练

无明确记忆目的，也不需付出意志努力的记忆是无意记忆。与之相对应，有意记忆则有明确的记忆目的，并且需要付出意志努力。0～3岁婴幼儿的记忆正是无意记忆占主导地位。由于无意记忆是一种缺乏目的性的行为，致使记忆的内容往往带有偶然性和片段性，因此仅靠无意记忆很难获得系统的科学知识。

在婴幼儿早期就对记忆的有意性进行训练，应该说是未雨绸缪之举。此项训练的关键在于给婴幼儿提出明确的记忆任务。婴幼儿的有意记忆往往不是自发产生的，有意回忆或识记的目标通常需要由成人来确定。成人委托婴幼儿去做某件事、让婴幼儿复述某个故事等，在成人的要求和引导下，婴幼儿才逐渐学会了确定记忆的任务。所以，对于3岁前的婴幼儿，成人可以尝试让其有目的地去识记某些事物、有意识地去回忆某些事件。

二、0～3岁婴幼儿记忆持久性训练

“过目不忘”在人们心目中是记忆的最高水平。这里的“不忘”，其实就是指持久的记忆。0～3岁正是婴幼儿记忆保持时间的增长期，若在这一时期能为婴幼儿记忆提供适当的支持，将有益于其记忆持久性的提高。

遗忘是保持的大敌，复习是防止遗忘的最基本方法。适当重复可以帮助婴幼儿加深对记忆对象的印象，从而产生长久的记忆。比如，成人想要让婴幼儿认识各种动物，并不需要像给学生上课那样专门地来教，只需在生活情境中或每天看图画书、玩图片时，见到什么动物就告诉婴幼儿该动物的名称，经过多次重复，婴幼儿就能牢记各种动物的名称并将之与动物的形象相匹配。此外，对于2～3岁的婴幼儿，成人可以与婴幼儿一起复述生活中发生的某些事情，以此来加强婴幼儿的自传体记忆。

三、0～3岁婴幼儿记忆精确

高水平的记忆不仅表现在记得快、记得牢，还要记得准。0～3岁婴幼儿随着年龄的增长、认知与语言能力的提高，他们不仅能够对任何特定经验中越来越多的信息进行编码，而且对周边环境中越来越精细和复杂的特征愈益敏感，因此，其记忆的精确性虽不尽如人意，但也在不断提高。在这一时期对婴幼儿记忆的精确性进行针对性训练，一方面可利用日常生活的各种场景潜移默化，比如在带婴幼儿外出路过商店橱窗时，可以利用此机会先让婴幼儿仔细观察一下橱窗里的陈列物，离开以后，请婴幼儿说出刚才所看到的有哪些东西；另一方面则可创设各种有趣的记忆游戏，充分调动婴幼儿参与的积极性，在快乐中获得发展。

实践演练

1. 尝试用问卷调查法对果果的妈妈进行调查，进一步了解果果的记忆力发展情况。请设计调查问卷。

例如：宝宝能记住哪些熟悉的物品名称？听到熟悉的物品名称是否能主动寻找？

1.

2.

3.

2. 为了有目的性地观察果果的记忆情况，请为果果制定三个记忆观察指标，设计一张“记忆发展清单”。

记忆发展清单

观察内容	具体指标	观察方法	通过标准	是否通过	日期
记忆	延迟模仿	呈现成人张开嘴和伸出舌头的面部表情照片，观察婴儿是否模仿	婴儿进行模仿即可通过		
	记住熟悉的物品名称	说出熟悉的物品名称，观察婴儿能否去寻找	婴儿寻找熟悉的物品即可通过		

3. 请将“情境导入”中的观察内容改成“日记描述法”形式记录。

婴幼儿姓名：　　年龄：　　时间：　　观察者：

环境：

目的：

目标：

观察记录：

4. 根据分析报告，提出促进果果记忆发展的合理建议。

措施及建议

（依据观察结论给出的建议）

1.

2.

3.

总结提升

记忆一直是认知心理学研究的重要内容之一，这是因为记忆是婴幼儿经验积累、技能掌握、习惯养成的前提。可以说，记忆的早期发展是婴幼儿心理发展的重要基础和保证。记忆对 0 ～ 3 岁婴幼儿发展的重要意义主要表现在两个方面。

首先，记忆在心理系统发挥其功能的过程中起着不可或缺的协调作用。新生儿从呱呱坠地开始，就要通过不断地感知和学习来认识并适应外部世界。从简单的行为、感知到复杂的思维、语言，这些个体发展所赖以维系的途径都必须在记忆的基础上进行。试想，如果没有记忆，那么个体每天所感知的事物、学习的技能就不能进入长时记忆系统，这就无所谓经验的积累，也就不能形成概念，无法进行判断和推理，更无法适应不断变化的环境，个体的生存和发展就将变得举步维艰。正如俄国生理学家谢切诺夫所说："如果人类没有记忆，那么感知就不能留下痕迹，人将永远处于新生儿状态。"

其次，记忆的发展使间接知识的形成和累积成为可能。由感知所获得的是直接知识，但人类文明的发展更多是由间接知识来累积的。间接知识的形成离不开记忆的支撑。就个体而言，知识的增长过程就是长时记忆系统中储存的信息量增加的过程。婴幼儿记忆的发展将为间接知识的长时存储和提取提供可能，而个体所掌握的间接知识，对其未来的发展起着至关重要的作用。

任务二　0 ～ 3 岁婴幼儿注意力的观察、记录与评价

情境导入

场景 1：在果果 1 个月大的时候，当爸爸拿着颜色鲜艳的婴儿布书在她的小床上方平缓移动时，她能追视。但是，当爸爸绘声绘色地给她讲书里的故事时，她只是转头看着爸爸的嘴，没有特别的反应。

场景 2：果果 2 个月了，一天清晨，爸爸把她抱在怀里，拿出婴儿布书，声情并茂地给她讲了起来。她一边注视着爸爸手所指的地方，一边听着爸爸讲故事的声音，时不时发出愉悦的笑声。

思考答疑

1. 请问果果的注意力发展水平如何？

2. 爸爸可以怎样帮助她进行注意力训练呢？

知识点拨

0～3岁婴幼儿注意的发生和发展

注意是婴幼儿心理发展中的一个重要内容，是婴幼儿探究外在事物及内心世界的“窗口”。注意能使婴幼儿有选择地接受外在环境中的信息，及时发觉环境的变化并调节自己的行为，还能使婴幼儿为应付外界刺激而准备新的动作，集中精力于新的情况。

一、注意的发生

注意从其发生来看是有机体的一种定向反射，这种定向反射是先天的、无条件的，因此婴儿一出生就具备注意能力。环境中特别的或新异刺激会引起新生儿相应的自主神经系统的活动，并表现出外在的身体运动，这就是定向反射。新生儿的定向反射是一种复合反应，包括心率、血流、瞳孔、脑电波等多方面的相应变化。这种变化常被用来作为研究新生儿注意的重要指标，具有易测定、易量化和易对比研究等特点。定向反射性注意不仅在婴幼儿期较明显，在成人期也常可观察到。这种注意是无意注意的最初形态。

二、注意的发展

（一）注意发展的前提条件

新生儿大部分时间处于睡眠状态，他们的觉醒时间非常短暂，持续时间一般不超过10分钟，即使在喂奶条件下，也不会超过半个小时（觉醒时间有时也会持续1小时）。新生儿这种极短暂的觉醒时间是神经系统和脑发育尚不成熟而避免受过多刺激影响的保护性象征。

随着婴儿的成长和神经系统的发育，这种觉醒状态持续时间迅速增加，到了3个月即使在不喂奶时，其觉醒时间也可延长到1～1.5小时。4个月以后，就可以出现昼夜之间有规律的睡眠觉醒转换。6个月时，婴儿在夜间能连续睡眠6～8小时，白天有规律地睡两次，2～3小时/次，其余时间则醒着玩耍。这时婴儿的注意也迅速发展起来，且主要表现为注意选择性的发展。

（二）注意发展的一般特点

（1）定向性注意的发生先于选择性注意的发生。

心理学家发现孩子一出生就具备了一定的注意能力。新生儿在觉醒状态时可因周围环境中的巨响、强光等刺激而产生无条件的定向反射。

2～3个月的婴儿由于条件反射的出现，已能比较集中地注意人的脸和声音，看到色彩鲜艳的图像时，能比较安静地注视片刻，但时间很短。除了强烈的外界刺激，凡是能直接满足婴幼儿机体需要或与满足机体需要相关的事物也能引起他们的注意，如奶瓶、妈妈等。5～6个月的婴儿能比较持久地注意一个物体。但婴幼儿的注意极不稳定，对一个现象集中注意只能保持几秒钟。

1岁以内的婴幼儿以无意注意为主，随着年龄的增加和语言、思维的发展，逐渐出现了有意注意。1岁左右的婴幼儿能凝视成人手中的表，一般超过15秒。2岁时能精确地、主动地听故事。这个时期的婴幼儿出现了有意注意的萌芽，逐渐能按照成人提出的要求完成一些简单的任务。3岁后，婴幼儿开始对周围新鲜事物表现出更多的兴趣，如能集中5分钟的时间看小朋友做早操、爱看幼儿画册。

（2）无意注意的发生发展早于有意注意的发生发展。

总的来讲，婴幼儿由于大脑发育不完善，神经系统的兴奋和抑制过程发展不平衡、自制力差，因而有意注意较差，无意注意占优势。凡是新颖的、变化的、有趣的事物都能使婴幼儿分心，但也可以吸引和集中婴幼儿的注意，年龄越小越是如此。

随着婴幼儿年龄的增长，有意注意的稳定性逐渐增大。但是，婴幼儿的有意注意在整个婴幼儿时期仍然是极不稳定的，易被无意注意所分散或转移。

实践演练

1. 尝试用访谈法对果果的爸爸进行调查，进一步了解果果的注意力发展情况。请列出访谈提纲（至少3个问题）。

例如：果果能追寻声音的来源吗？果果还能追视什么东西？

1.

2.

3.

知识点拨

追视训练

刚出生时，婴儿的两只眼睛还不能完全集中在一个物体上，“视觉集中”是认识世界的开端，追视训练有助于这一能力的发展。家长可每天对婴儿进行追视训练，如让婴儿看红色绒线球、追视红光。

在婴儿清醒时，让婴儿仰卧在小床上，家长可离婴儿15厘米拿着红色绒线球慢慢抖动，使绒线球进入婴儿的视线，然后慢慢左右移动，让婴儿学习追视。如果婴儿视线中断，可重新开始。

另外，家长还可手拿彩球等玩具让婴儿学习追视。家长先在婴儿面前摇几下玩具，然后慢慢地向左或向右移动，使婴儿的视线能跟踪眼前移动的玩具。婴儿对妈妈的声音是最敏感的，妈妈可用语言吸引婴儿注意玩具。

2. 为了有目的性地观察果果的注意力情况，请为果果制定三个注意力观察指标，设计一张“注意力发展清单”。

注意力发展清单

观察内容	具体指标	观察方法	通过标准	是否通过	日期
注意力	能追寻声音的来源				
	能追视				

3. 请将“情境导入”中的观察内容改成“日记描述法”形式记录。

婴幼儿姓名： 年龄： 时间： 观察者：

环境：

目的：

目标：

观察记录：

4. 根据分析报告，提出促进果果注意力发展的合理建议。

措施及建议

（依据观察结论给出的建议）

1.

2.

3.

总结提升

注意总是和感觉、知觉、记忆、想象、思维同时发生。一个人如果没有良好的注意品质，将直接影响他的感觉、知觉、记忆、想象和思维能力的发展，也会影响他做事的效率，许多孩子上学后学习困难，就是因为注意力没有发展好。教育家乌申斯基说：注意是学习的大门。注意是婴幼儿认识世界的第一道大门，是发展感知觉、记忆、学习和思维等不可或缺的先决条件。一般来说，婴儿注意力好，学习效果就好，能力提高也快。3 岁之前婴幼儿注意力的发展是非常迅速的，保教工作者要根据注意发展的特点提供适合的环境刺激，促进婴幼儿注意力的发展，从而促进其大脑发育，让婴幼儿的学习更有效。训练婴幼儿的注意力是监护人和保教工作者的重要责任。

任务三　0～3 岁婴幼儿性别认知的观察、记录与评价

情境导入

周周两岁半的时候，可以区分男孩和女孩：看到长头发、穿裙子的就说那是女孩，看到短头发、穿裤子的就说那是男孩。

思考答疑

1. 周周对性别的认知是怎样的？

2. 如何引导周周树立正确的性别认知？

知识点拨

“性别定型”描述的是男孩与女孩学习男性化或女性化角色的过程。

一、性别恒常性的发展

据柯尔伯格的研究，性别恒常性的发展要经历三个阶段：（1）性别认同（2～3 岁），即知道自己是男孩或是女孩；（2）性别稳定性（4～5 岁），即知道人的性别不会随年龄变化而变化；（3）性别恒常性（6～7 岁），即懂得人的性别不会随服饰、形象或活动的改变而改变，也不会随情境的改变而改变。韦林（Warin，2000）发现，不同文化中儿童的性别恒常性都表现出这三个阶段的发展过程。

伊顿（Eaton，1981）等人研究发现，儿童的性别恒常性沿着先认识自己的性别恒常性，然后认识与其同性的儿童的性别恒常性，再认识异性儿童的性别恒常性的线路发展。

皮姆（Bem，1989）设计了这样一个实验来研究性别同一的发展：他首先给 3～5 岁的幼儿看裸体幼男和裸体幼女的照片，了解幼儿对性器官的认识情况；而后，给幼儿看刚才照片上的幼男和幼女穿了衣服的照片。有的照片上的幼儿穿了与性别相符的照片，有的则穿了相反性别的衣服。他发现，在看过前后两种照片的孩子中有 40% 的幼儿能正确辨认出穿上男孩裤子的女孩或穿上女孩裙子的男孩照片；在能认识性器官差异的幼儿中有 60% 能正确回答这个问题，而在无法认识性器官差异的幼儿中仅 10% 能正确回答。这个研究表明，认识性器官有助于性别认同的稳定性。

二、对性别期待的认识

3 岁幼儿不仅能分辨自己和别人是男性还是女性，还懂得不少有关性别角色应有的活动和兴趣，如知道男孩该玩汽车、枪，女孩该玩娃娃、烹饪游戏。但他们的这种认识十分刻板。

5 岁左右幼儿开始认识到一些与性别有关的心理成分，如男孩胆子要大、不能哭，女孩要文静、不能粗野。

儿童中期的学生对社会性别角色的认识不断深化，原有的刻板的性别思考减少了，认识到人们可以把女子气和男子气结合起来，能较好地接受与规定的性别角色不同的行为。

有研究者（S.A.Marantz & A.F.Mans Field，1977）向 7～11 岁的女孩提出各种活动、职业和品质，问女孩这些活动、职业和品质是否比较适合男孩或女孩，或两者皆可。年龄小的儿童性别同一十分刻板，随着年龄的增长，到了儿童中期，儿童一方面对文化规定的性别概念有了更多的理解，另一方面则对性别概念的理解变得更加灵活，他们认识到，一个人的性别并不会因从事违背性别规范的活动、职业或品质而改变，并开始对自己的角色定型加以反省和修改。

三、性别偏爱

儿童虽然常常偏爱与自己性别相同成员的活动和角色，但并不总是如此。不少研究指出，男孩更加喜欢男子气的活动并对这类活动感兴趣，但女孩不一定喜欢所谓女子气的活动或对其感兴趣。女孩往往转向偏爱男子气的活动，接受男子气的个性特征。这个发现并不是20世纪70年代社会变化的结果，早在20年代、50年代、60年代就有这种倾向，有人认为这可能与社会上男子更受尊重有关。不少女孩子把自己看成是顽皮的女孩，喜欢男子气的游戏和活动，在小学期间尤其如此，我们常常把她们称作“假小子”。

人们常用IT量表测定儿童性别角色的偏爱。IT量表是由36张卡片组成的投射测验。其中一张卡片表示“IT”，这是一个未确定性别的模糊的形象，其他一些卡片描绘的是具有男子气或女子气含义的物体、人物和活动。让儿童观看“IT”图像，然后要求他们从各对玩具（如卡车和娃娃）、衣服（如裤子和上装）以及活动（如运动和玩娃娃）中加以挑选，并问“IT”喜欢哪一种。假设儿童为“IT”所做的选择就是代表自己的选择。根据“ITSC”所测的结果，美国女孩对女子气的偏爱在3～4岁有一个迅速增长期，可是从4～10岁转向偏爱男子气，直到10岁才又突然向偏爱女子气发展。在对日本儿童的测定中发现，日本男孩与女孩在3～5岁时就有选择同性对象的显著倾向，基本上与美国的男孩变化相似，大多数美国男孩在学前期已偏爱男子角色。

从儿童游戏的模式中也可看出类似的倾向。学前和初级小学的女孩跟男孩相比，并不是十分严格地遵循适合自己性别的行为，女孩玩卡车的要比男孩玩娃娃游戏的更多一些。

四、性别角色行为的选择

儿童的行为很早就显示出性别类型。学前儿童已开始倾向于选择同性别伙伴一起玩游戏，经常可以看到男孩一组、女孩一组各玩各的适合于他们性别的活动或游戏。有人研究了学前儿童以成人标准划分的男性的、中性的、女性的玩具的选择行为（M.O.Brien & A.C.Haston，1985），这个研究发现，即使是2岁的孩子也喜欢同性玩具。到了小学，这种性别分割的情况更加突出。

总结提升

0～3 岁婴幼儿认知发展的一般观察特征

月龄	认知发展的一般观察特征
0～3 个月	⊙会为请求帮助而哭叫。 ⊙出现反射行为。 ⊙偏爱看有图案的物品，如布娃娃的眼睛、水平条纹和人脸。 ⊙模仿成人的面部表情。 ⊙能用眼睛寻找声源。 ⊙开始在一定的距离内认出熟悉的人。 ⊙发现和重复身体动作，如吮吸、击打、抓握。 ⊙发现自己有手和脚。
4～6 个月	⊙能通过声音认人。 ⊙喜欢重复能对外部世界发生影响的动作，如摇动发出咔嗒声的玩具。 ⊙能用眼睛寻找声源。 ⊙喜欢注视手和脚。
4～6 个月	⊙开始寻找某个被部分藏起来的物品。 ⊙以有目的的方式使用玩具。 ⊙能模仿简单的行为。 ⊙开始用已有的图式探索玩具，如吮吸、重击、抓握、摇晃等。
7～9 个月	⊙喜欢看有熟悉的物品的书。 ⊙能从不熟悉的面孔中分辨出熟悉的面孔。 ⊙开始出现有目的的行为。 ⊙开始预见结果。 ⊙能找出完全隐藏的物品。 ⊙能模仿稍微不同于日常的行为。 ⊙开始对填充和倒空容器感兴趣。
10～12 个月	⊙能通过有意识地使用图式来解决感觉运动问题，如把容器里的东西晃动出来。 ⊙能在成人要求下指出身体的部位。 ⊙故意反复掉落玩具并往玩具掉落的方向看。 ⊙能挥手示意再见。 ⊙显示出较强的记忆能力。 ⊙能执行简单的只需一个步骤的指令。 ⊙能通过外表对物品分类。 ⊙开始寻找藏在另一处的物品。
13～18 个月	⊙能通过新颖的方式作用于物品以探索它们的特性。 ⊙能通过试误解决问题。 ⊙开始探究因果关系，如开电视、敲鼓等。 ⊙会玩身体部位辨认游戏。 ⊙能模仿别人新颖的行为。 ⊙能在照片中辨认家庭成员。

课中实训

续表

月龄	认知发展的一般观察特征
19～24个月	⊙能在要求下指认物品，如当读书或旅行时等。 ⊙能根据形状和颜色分类。 ⊙能在照片和镜子中认出自己。 ⊙开始出现延迟模仿。 ⊙玩功能性游戏。 ⊙在物品被移动到视线以外时能找到。 ⊙通过内部表征解决问题。 ⊙根据性别、种族、头发的颜色等区分自己和他人。
25～36个月	⊙有目的地使用物品。 ⊙做事情时自言自语。 ⊙从一个维度给物品分类，如玩具汽车对积木。 ⊙执行需要一个步骤的指令。 ⊙较长时间专注于自主活动。 ⊙自发地指认物品，如阅读时。 ⊙和其他孩子玩假扮游戏。 ⊙通过数数和标识一堆物品感知数的概念。 ⊙开始发展相对的概念，如大和小、高和矮、里和外。 ⊙开始发展时间概念如今天、明天和昨天。

任务四　0～3岁婴幼儿认知发展活动设计

情境导入

仔仔2岁半了，妈妈发现每次给仔仔讲故事，仔仔听了一会儿就东张西望，坐不住了。有时给他讲道理，他也是三心二意，根本听不进去。吃饭也是吃一会儿就想去玩玩具或吵着要看动画片。仔仔的妈妈很担心仔仔是不是有多动症。

思考答疑

1. 请制定本次认知发展活动的目标。
2. 完成认知发展活动的设计与组织。

知识点拨

认知发展活动设计可以参考以下方法。

一、听故事前提问

适合年龄：1～2岁。

游戏玩法：让婴幼儿带着问题去听故事，听完后回答。对于语言发展较好的婴幼儿，还可以让他听完故事后把故事的内容复述给你听。

二、帮助拿各类小东西

适合年龄：1～2岁。

游戏玩法：婴幼儿能听懂话时，可以交给他一些小任务，让他帮助你拿一件甚至几件日常用品，要求一次完成。如："请你帮我拿一个苹果、一把小刀和一些纸巾。"

三、婴幼儿注意力训练：传口信

适合年龄：2～3岁。

游戏玩法：游戏前，保教工作者或监护人对婴幼儿说："今天我们来玩一个小传话员的游戏，宝宝就是我们的小传话员。我告诉宝宝一句话，请小传话员把话传给×××。×××告诉宝宝一句话，请小传话员传给我。好，现在请小传话员开始工作。"

婴幼儿先跑到保教工作者或监护人面前，保教工作者或监护人用双手把婴幼儿抱到自己膝盖上，在婴幼儿耳边说一句悄悄话，让婴幼儿传给×××。婴幼儿跳下来，跑到×××面前，坐到×××膝盖上，把保教工作者或监护人的话传给×××。×××向保教工作者或监护人核实一下，如果婴幼儿传对了，×××就亲婴幼儿一下以示鼓励，然后×××再告诉婴幼儿一句话，要婴幼儿传给保教工作者或监护人。如此反复几次，直到婴幼儿厌倦为止。

实践演练

认知发展活动设计。

活动名称：

活动目标：

活动准备：

活动过程：

一、导入活动

二、组织活动

三、结束活动

四、延伸活动

总结提升

认识发展活动的设计是指根据婴幼儿认知发展的规律和特点，创设一定的环境，设计出对婴幼儿进行认知发展教育的活动内容和方法。在设计时，应从游戏活动、生活教育以及环境入手灵活开展，达到促进婴幼儿认知发展的目的。

课后巩固

课后提升

1. 设计一个训练婴幼儿“记忆力”的认知发展活动方案。
2. 设计一个训练婴幼儿“感知觉”的认知发展活动方案。

拓展资源

0～3岁婴幼儿认知学习的干预

0～8个月：制订个别的计划时考虑到胎儿期的长短是十分重要的，例如，对于一个5个月大但早产2个月的婴儿，就适宜制订一份3个月月龄的婴儿发展计划。发展迟滞的婴儿掌握任何一种技能都需要多次反复，因此在同一发展水平提供多种材料让他们操作练习是十分重要的。

9～18个月：在这个阶段，婴幼儿学会迈出第一步，开口说第一个词，这是婴幼儿发展的里程碑。随着年龄的增长，婴幼儿之间的差异变得更为明显。对于发展迟缓的婴幼儿，在课程计划和活动中要适当降低目标要求，以适应他们的发展水平。

成人必须意识到社会交往不是自然发生的，必须经常为发展迟缓的婴幼儿提供积极与其他婴幼儿社会交往的机会。促进积极交往的方法包括：重视所有婴幼儿取得的进步；在游戏中让婴幼儿结对进行活动；为发展迟缓的婴幼儿提供正确的游戏方法指导；培养婴幼儿的同情心和良好的社会性行为。

19～36个月：这一时期的婴幼儿已产生自我意识，即使是发展迟缓的婴幼儿也开始意识到自己与其他人的差异。成人应该考虑到这些婴幼儿的自我意识。成人制订的计划要考虑到群体中每一位婴幼儿的需要，在课程实施中要顾及所有的婴幼儿。在学习的过程中，特殊婴幼儿也是积极主动的，但是他们学会一种技能需要重复多次，并且需要更多的变换来巩固技能。对于发展迟缓的婴幼儿，需要给予更多直接的指导，而不能像对普通婴幼儿一样主要通过观察了解他们所进行的活动。有时，还需要一些特殊的玩具和材料帮助有障碍的婴幼儿学习新的技能。

考核评价

评价阶段	评价内容	佐证	教师评价	学生自评	学生互评	平台评测	是否达标（达标√未达标×）
课前自学	“学堂在线”完成度	平台数据					
	自学自测	完成测试题					
课中实训	访谈提纲设计	能够设计访谈提纲					
	认知发展清单设计	能够设计认知发展清单					
	认知观察记录	会用轶事记录法记录					
	认知观察分析报告	能够撰写分析报告					
	教育建议	能够提出教育建议					
	认知发展活动设计和组织	能够设计和组织认知发展活动					
	科学的儿童观、评价观	能够科学评价儿童					
	问题意识、研究意识	能够发现问题，研究问题					
课后巩固	课后提升	平台数据					
	拓展资源	平台数据					

项目四

0～3岁婴幼儿语言发展观察、记录与评价

项目概述

语言是人们约定俗成的一套用于信息交换的符号系统。语言是社会文化的载体，是人际交往的工具，也是思维的工具。

0～3岁是语言发生和发展的关键时期。然而，部分婴幼儿可能因为生理、心理或社会等原因，出现语言发展延迟或语言障碍问题。因此，对0～3岁婴幼儿的语言发展进行评估，有助于了解婴幼儿的语言发展水平，进而采取相应的教育策略。

本项目重点学习0～3岁婴幼儿语言发展观察、记录与评价的内涵、意义和原则、0～3岁婴幼儿语言发展观察、记录与评价的常用方法和步骤，0～3岁婴幼儿语言发展的规律与特点，以及具体的实训任务：0～3岁婴幼儿听觉语言观察、记录与评价，0～3岁婴幼儿视觉语言观察、记录与评价，0～3岁婴幼儿运动语言观察、记录与评价，0～3岁婴幼儿书写语言观察、记录与评价，0～3岁婴幼儿语言发展活动设计。

学习目标

素质目标

1. 树立科学的儿童观、评价观。

2. 尊重婴幼儿语言发展规律，关心热爱婴幼儿。

3. 注重观察的主动性、敏感性、全面性。

4. 培养全语言观念以及对工作的责任感和使命感。

知识目标

1. 理解 0 ～ 3 岁婴幼儿语言发展观察、记录与评价的内涵、意义和原则。

2. 掌握 0 ～ 3 岁婴幼儿语言发展观察、记录与评价的方法和步骤。

3. 掌握 0 ～ 3 岁婴幼儿语言发展的规律和特点。

能力目标

1. 能根据 0 ～ 3 岁婴幼儿的语言表现分析婴幼儿的语言发展水平。

2. 能根据 0 ～ 3 岁婴幼儿的语言发展水平提出合理的教育建议。

3. 能设计和组织 0 ～ 3 岁婴幼儿语言发展活动。

案例先导

小宝宝妮妮出生已经 15 天了。这会儿刚刚睡醒，听到妈妈与爸爸在旁边说话，她把头转向妈妈。妈妈看到妮妮醒了，连忙走过来："哦，我的乖妮妮醒啦！想喝奶了吧？"妮妮看着妈妈，动了动身子。妈妈笑了："哦，我的宝宝要起床了呀！"

婴儿从出生后的第一声啼哭起，就开启了与人交往的生命旅程。随后，从 6 个月时的咿呀学语到 3 岁时能说出完整的句子，直至熟练运用自己的母语，短短几年之内他们就能完成这项看似非常复杂的任务。究竟是什么力量使婴幼儿具有如此惊人的语言能力的呢？他们是怎样在短时间内掌握语言的呢？

课前自学

一、0～3 岁婴幼儿语言发展观察、记录与评价概述

（一）婴幼儿语言发展观察、记录与评价的内涵

婴幼儿语言发展观察、记录与评价是指保教工作者依据科学、客观的评价标准，系统地观察、记录与搜集婴幼儿语言发展的各方面表现，进而对婴幼儿的语言发展

水平进行专业的评价与判定的过程。

（二）婴幼儿语言发展观察、记录与评价的意义

学堂在线

婴幼儿语言发展观察、记录与评价概述

1. 可以对 0 ～ 3 岁婴幼儿的语言能力进行科学有序的练习与开发

0 ～ 3 岁婴幼儿语言能力的发展是遵循一定基本规律的，保教工作者对婴幼儿各个年龄阶段的语言能力进行专业化的观察与评估，有助于对婴幼儿个体特征及语言水平进行更加深入、细致的了解。0 ～ 3 岁婴幼儿语言发展评价的结果还是对婴幼儿语言能力进行科学有序的练习和开发的基础，同时也是为婴幼儿制订科学合理的教养计划的前提和保障。

2. 可以筛查出 0 ～ 3 岁婴幼儿中语言发展迟缓的高危群体

发育迟缓是指 6 岁以前的婴幼儿因为各种原因（脑神经或肌肉神经生理疾病、心理社会环境因素等），认知发展、生理发展、语言及沟通发展、心理社会发展或生活自理技能等方面明显落后或异于同年龄儿童。语言发育迟缓是众多发育迟缓诊断类型中较为常见的一种，若能通过筛查对语言能力较弱的婴幼儿及时开展早期治疗与干预，便可以有效降低发育迟缓的可能性，并促使婴幼儿的语言能力回归正常水平。大多数关于婴幼儿早期语言干预的研究都指出，越早发现婴幼儿的异常表现并加以及时的干预，其干预的效果就越好，回归正常婴幼儿语言能力水平的可能性也就越大。

3. 可以对婴幼儿语言发展中的弱势部分进行有针对性的训练与干预

对于不同的婴幼儿而言，其语言能力的发展水平往往是不平衡的。语言能力的发展是一个多元化的概念，包括语音能力、语言理解能力、表达沟通能力、语用能力等诸多方面，任何一个维度的短板都会造成婴幼儿语言能力的欠缺。保教工作者以及养育者应该格外注意婴幼儿语言发展的平衡性，对语言能力的不同维度进行有效的评估，及早发现婴幼儿语言能力的弱势部分并进行有针对性的训练与干预。

（三）婴幼儿语言发展观察、记录与评价的原则

1. 进行有目的性的系统评价

无论采用何种 0 ～ 3 岁婴幼儿语言发展评价的方法，评价者对婴幼儿语言表现的评价都应该是有目的性的系统评价。在对婴幼儿进行评价之前，评价者需要事先确定好对婴幼儿进行评价的具体方案，该方案的内容应该包括：评价过程中需要收集哪些信息、每一次评价的对象、此次评价所采用的具体方法，以及进行评价的时

间和地点等。

2. 从连贯、整体发展的角度关注婴幼儿语言水平的发展

婴幼儿语言能力发展评价是一个长期、连续的过程，无论是保教工作者还是婴幼儿养育者都应该学会从评价的视角去看待婴幼儿语言能力的发展，将评价的内容、评价的结果与早期语言教育活动、早期亲子活动有机结合起来，努力做到从连贯、整体发展的角度看待婴幼儿语言能力评价的结果，并以评价的结果和内容为参照，设计出更适合婴幼儿发展的教学活动与亲子活动。

3. 评价过程中充分重视婴幼儿的反应

婴幼儿是早期语言能力发展评估中的主体，也是语言能力评价者的主要评价对象。在评价的过程中，充分重视被评价婴幼儿的反应是婴幼儿早期语言能力发展评估中一项重要的基本原则，也是确保评价顺利、有效进行的基本保障，同时还是每一位参与婴幼儿语言能力发展评价的评价者的基本素养。

4. 对婴幼儿信息进行严格的保密

评价者在评估 0～3 岁婴幼儿早期语言能力发展的过程中，应该对所获得的有关婴幼儿的所有信息进行严格保密，在记录过程中尽可能地使用编号或者虚拟的代号来代替婴幼儿的真实名字（如幼儿甲、幼儿 001 等）。除非得到被评估婴幼儿家长的允许，否则禁止将评估的信息私自告知他人。

二、0～3 岁婴幼儿语言发展观察、记录与评价的常用方法和步骤

（一）婴幼儿语言发展观察、记录与评价的常用方法

1. 观察法

观察法是指观察者在自然情境下对婴幼儿早期的能力发展水平进行有目的、有计划的系统性观察，进而得出婴幼儿当前某些特定领域的能力发展水平。观察法是保教工作者最常使用并且最简便的用于评价婴幼儿发展的一种方法。苏联心理学家、教育学家维果茨基也曾经指出，对婴幼儿细心观察的结果应该与考试的分数一样被当作真实可靠的东西。在日常生活或者早期教育活动中观察和记录的婴幼儿外在表现的信息，经常被用于评价婴幼儿发展的水平，并且在进一步分析的基础上帮助保教工作者和婴幼儿养育者判断每个婴幼儿个体发展过程中的强项和需要加强的地方。

2. 问卷法

问卷法是指在专业评价人员的指导下，由熟悉婴幼儿个体的主要养育者或保教工作者填写关于婴幼儿各方面能力表现的标准化问卷，再通过计分、换算、比较

等方法获得婴幼儿现阶段能力发展水平的一种常用的评价方法。问卷法相对较容易操作。

3. 基于养育者观察记录的访谈法

除了上述提及的观察法、问卷法之外，对 0 ～ 3 岁婴幼儿语言能力发展水平进行评价还有一种常用方法就是对熟悉婴幼儿语言表现情况的养育者进行专业化的访谈。访谈的对象主要是婴幼儿的主要照料人（包括爸爸、妈妈、爷爷、奶奶、外公、外婆等），他们每天都有机会与婴幼儿发生大量的直接互动，因此也能够细致地讲述婴幼儿很多具体且典型的语言能力表现。

（二）婴幼儿语言发展观察、记录与评价的步骤

1. 明确评价内容和标准

婴幼儿语言发展观察、记录与评价的内容主要有四部分：听觉语言、视觉语言、运动语言、书写语言。

婴幼儿语言发展评价标准分为三级：（1）一级，在适当年龄能够灵活、熟练、协调地完成各语言活动要求；（2）二级，在适当年龄能经帮助较熟练、灵活地完成各语言活动要求；（3）三级，在适当年龄只能部分或较差地完成各语言活动要求。

2. 确定评价方法

方法的选择与使用要配合内容的性质与需要，还要考虑评价对象的特点。

3. 搜集和分析反映婴幼儿语言发展的资料

搜集资料是指把通过观察、调查等方式获得的关于婴幼儿语言发展的资料进行汇总、整理。之后，再使用统计学方法对搜集得来的资料进行定性与定量的分析。

4. 实施评价

根据评价标准及搜集和分析的资料，对婴幼儿语言发展进行具体评价，了解婴幼儿语言发展情况。

5. 评价结果反馈及制订促进婴幼儿语言发展的计划

评价的目的不是检查，而是在于通过评价来促进婴幼儿语言的发展，因此要将评价结果以恰当的方式反馈给有关人员，然后根据婴幼儿具体情况制订具体计划，逐渐促进婴幼儿语言发展。

三、0～3 岁婴幼儿语言发展的规律与特点

根据语言系统的发展和语言运用能力的发展相结合的标准，3 岁前婴幼儿语言的发展可以划分为既有质的差异又相互关联且时有交叉的三个阶段：0 ～ 12 个月是

婴幼儿语言发生的准备阶段，又称为前语言阶段；13 ～ 24 个月的婴幼儿开始进入正式的学说话阶段，当婴幼儿讲出第一批有真正意义的、具有概括性的词时，标志着婴幼儿开始发生语言，又称为语言发生阶段；25 ～ 36 个月是婴幼儿基本掌握口语阶段，这一阶段将持续到入学前期（3 ～ 6 岁）。

（一）语言发生的准备阶段（0～12 月）

1. 0～3 个月：单音节阶段

哭叫是婴儿第一个月的主要发音。在这个月内，婴儿学会了调节哭叫的音长、音调和音高。这一阶段的婴儿辨音水平相当高，研究表明，婴儿在 0 ～ 3 个月形成了感知辨别单一语音的能力。出生 12 天的新生儿能以目光凝视或转移、停止吮吸或继续吮吸、停止蹬腿或继续蹬腿等身体行为对声音刺激做出不同的反应。这种反应是人类语言感知的第一步，是将语音从其他各种声音中分化出来的一种基本能力。出生 24 天的婴儿能够对男人的声音和女人的声音、抚养者和不熟悉者的声音做出不同的反应。婴儿主要是通过说话者的音高、音量和音色感知语言的，为以后语言的产生和发展奠定了基础。

2. 4～8 个月：多音节阶段

4 个月以后，婴儿进入咿呀学语阶段，从这个时候到 1 岁，婴儿常对着玩具或者镜子中的自己发音，表现出交往的愿望。这个阶段婴儿的发音量大增，发音内容以辅音和元音相结合的音节为主，并且有一个从单音节发声过渡到重叠多音节发声的过程，如 ou—ma，ba—wa 等。这个阶段婴儿的发音较多是对成人社会性的刺激做出的反应，在与成人的交往过程中出现了学习交际规则的雏形，能听懂简单的词、手势和命令。

3. 9～12 个月：萌芽阶段

这一阶段婴儿发出的不同的连续音节明显增加，不再只是同一音节的重复，近似词的发音增多。

（二）语言发生阶段（13～24 个月）

经历了近一年的语言准备阶段，婴幼儿开始进入学习口语的全盛时期。13 ～ 24 个月又被称为语言发生阶段。

1. 13～18 个月：单词句阶段

13 ～ 18 个月的婴幼儿语言的发展主要体现为言语理解的发展，所以这个阶段也称作理解言语阶段。在这一阶段，婴幼儿往往用一个单词表示一个句子，我们称之为单词句。比如婴幼儿说“饼干”，可能指要吃饼干，也可能是告诉妈妈饼干吃完了或者是饼干掉地上了等。总之，这时候的语言具有很强的情境性，家长需要把婴幼儿说话时附加的手势、表情、体态等作为参考因素，以确定婴幼儿说话的意思。

虽然婴幼儿在这一阶段说出的话很少而且比较简短，但是他们理解的要比说出的多得多。另外，这一阶段婴幼儿会出现发音紧缩的现象。在前语言阶段所能发出的母语中有的或者没有的语音这时都不能发出，无意义的连续音节大大减少。婴幼儿往往只用手势和动作示意，独处时也不会有那种自发的发音活动，出现了一个短暂的沉默期。

在此阶段，婴幼儿所能理解的名词和动词显著增多。他们喜欢给物体命名，命名时常会出现泛化（比如婴幼儿把所有带毛的东西都命名成“毛毛”）、窄化（比如婴幼儿最早理解的“车车”就是他自己的婴儿车）和特化（比如一个婴幼儿尿床了，妈妈过来给他换尿布时说了一声“糟糕”，婴幼儿每次小便时都会说“糟糕”）现象。

此外，这个阶段的婴幼儿发音时会出现一些成人误以为的错音，比如 niu 说成 you，gege 说成 dede 等。但是研究证明，这并不是发音错误，而是由于此阶段的婴幼儿有一个特殊的语法系统，具有一个与母语相似但又完全不同的音位系统，随着年龄的增长它会慢慢消失。

2. 19～24 个月：双词句阶段

这一时期是语言的积极活动时期，随着婴幼儿词汇量的扩大，婴幼儿说话更加主动，出现词语爆炸现象。比如 18 个月的婴幼儿经常挂在嘴边的单词有 20 个左右，到 21 个月时就能说出 100 个左右的单词。他们会经常缠着成人，指着一个物品问“这是什么啊”，要成人说出物品的名称，然后紧接着问“它是用来做什么的呀”，再到“它为什么叫 ××”等。很多家长苦恼于孩子的这种打破砂锅问到底的现象。其实这是一个可喜的现象，它说明婴幼儿进入了第一反抗期，喜欢提问，而且不断地提问，这实际上是婴幼儿学习语言的一个途径。他们还会开始频繁地使用疑问句和否定句，疑问句表现在提问上，否定句表现在语言反抗上。

另外，在此阶段，当婴幼儿的词汇量达到 200 个左右的时候，他们开始由单词句阶段过渡到双词句阶段，开始说“妈妈抱抱”。这种由两个词汇构成的语句不完整，非常简洁，类似发电报的用语，所以也被称为“电报句”。

（三）基本掌握口语阶段（25～36 个月）

1. 25～30 个月：初步掌握口语阶段

到 25～30 个月，婴幼儿在运用语言和词汇方面有明显的进步，能用 3～5 个词组织成句子来与人交谈。婴幼儿和成人的对话变得更加自由和顺畅，他们也学会倾听别人讲话，表达自己的要求和愿望。婴幼儿的语言中开始出现复合句，以前出现的“发音错误”现象逐渐减少乃至消失。语言经常使用接尾策略，即不管在什么情况下，只选用问句末尾的一些词语回答问题，比如刚吃完饭，成人问：“吃饭了没有？”婴幼儿说：“没有。”再如：“快收拾玩具，跟妈妈一起出去玩，好不好？”婴幼儿丢掉玩具，一副要准备出去的样子，却回答说“不好”，这就是接尾策略。

2. 31～36个月：目标口语初步发展阶段

在这一阶段，婴幼儿的单词句、双词句等特殊语言形式已经大大减少，语言纳入目标语言的轨道。婴幼儿的语言系统基本形成，基本语法规则已经掌握，具备一定量的词汇和一定的语言运用技能，可以初步用词语来解释词语。语感已经开始形成，并能运用语言进行一般的日常交流。至此，以上种种表现标志着婴幼儿的语言学习走向成熟。

自学自测

一、填空题

1. 婴幼儿语言发展观察、记录与评价是指保教工作者依据（　　　　），（　　　　）婴幼儿语言发展的各方面表现，进而对婴幼儿的（　　　　）进行专业的（　　　　）的过程。
2. 婴幼儿语言发展观察、记录与评价的原则有（　　　　）、（　　　　）、（　　　　）、（　　　　）。
3. 婴幼儿语言发展观察、记录与评价的方法有（　　　　）、（　　　　）、（　　　　）。
4. 婴幼儿语言发展的三个阶段分别是（　　　　）、（　　　　）、（　　　　）。

二、思维导图

请用思维导图的形式绘制出“婴幼儿语言发展观察、记录与评价的步骤”。

思维导图

课中实训

实训目标

1. 能掌握 0 ～ 3 岁婴幼儿语言发展的观察、记录与评价方法。

2. 能对 0 ～ 3 岁婴幼儿语言发展进行评价和分析，并撰写语言观察记录。

3. 能根据 0 ～ 3 岁婴幼儿的语言发展水平提出合理的教育建议。

4. 能设计和组织 0 ～ 3 岁婴幼儿语言发展活动。

实训内容

任务一　0 ～ 3 岁婴幼儿听觉语言观察、记录与评价

任务二　0 ～ 3 岁婴幼儿视觉语言观察、记录与评价

任务三　0 ～ 3 岁婴幼儿运动语言观察、记录与评价

任务四　0 ～ 3 岁婴幼儿书写语言观察、记录与评价

任务五　0 ～ 3 岁婴幼儿语言发展活动设计

实训条件

婴幼儿语言发展观察、记录与评价的实施条件

名称	实施条件	要求
实训环境	理实一体化教室	校园网无线 Wi-Fi，可在线观看网络资源
物品准备	1. 签字笔；2. 记录本（活页）；3. 手机或平板电脑；4. 语言发展活动材料（玩具、教具等）	活动材料充足，满足婴幼儿需求
知识准备	1. 具备评价婴幼儿语言发展特点与水平的相关知识和操作技能；2. 具备婴幼儿语言发展指导活动的知识和技能	理解记忆相关知识点

实训步骤

1. 根据婴幼儿年龄段回顾婴幼儿语言各方面发展水平。

2. 观察婴幼儿语言，撰写观察记录，分析婴幼儿语言发展的特点。

3. 根据婴幼儿语言发展特点，对照各年龄段婴幼儿语言发展的一般水平，分析婴幼儿语言发展的状况，完成分析报告。

4. 根据分析报告，提出促进婴幼儿语言发展的合理建议。

5. 完成婴幼儿语言发展活动的设计与组织。

任务一　0～3岁婴幼儿听觉语言观察、记录与评价

情境导入

铭铭满3个月了，小家伙现在正依偎在妈妈怀里，眼睛一直盯着妈妈的脸。妈妈说，铭铭对爸爸、妈妈和外婆的声音很敏感，当爸爸和外婆说话的时候，正在吃奶的铭铭就会停止吮吸，眼睛转来转去，小手和小脚也会动来动去。每次外婆逗铭铭，小家伙都会开心地笑。可是当其他物品发出声音时，例如爸爸不小心将东西掉在地上，或者小狗碰到什么东西，小家伙却没有什么反应。

思考答疑

1. 铭铭的听觉语言发展水平如何？
2. 妈妈可以怎样帮助铭铭进行听觉语言训练？

知识点拨

随着年龄的增长，特别是在掌握语言、接触音乐环境的过程中，婴幼儿的听觉不断发展与成熟。

一、婴幼儿辨别声音细微差别的能力随着年龄的增长而不断提高

研究证明，在辨别声音的细微差别方面，大班幼儿比小班幼儿强得多。小班幼儿由于不能区别发音上的细微差别而不能正确发音，常常出现错音、丢音、换音等语音错误现象。如把“狮子”（shi zi）读成“希几”（xi ji），把“六”（liu）读成“又”（you），把“岗亭”（gang ting）读成“钢琴”（gang qin）。0～3岁是掌握语音的关键时期，做好婴幼儿的语音教育意义重大，切不可忽视。教婴幼儿正确发出汉语基本语音的任务，要在这个时期完成。

二、婴幼儿听觉感受性不断增强，听觉较成人更敏锐

苏联学者阿尔金（Arguin）经研究指出，5～6岁的儿童平均能在55～65厘米距离处听到钟表的声音，而6～8岁儿童在100～110厘米距离处就可听到，这说明儿童的听觉感受性是不断增强的。

美国心理学家鲍厄（Bauer）提出，由于婴幼儿的耳较成人更小以及婴幼儿耳内基膜纤维较短，婴幼儿接受声波振动频率的范围更大，因此成人不能听到的某些尖细的声音或高音哨声，婴幼儿都能听得到。而听觉能力在成年期开始逐渐降低，20岁以后，每长大10岁，听觉能力都有所下降。到老年期，在高频率部分的听力基本丧失。这说明婴幼儿的听觉较成人更敏锐，所以从婴儿期就可

以训练婴幼儿对语言的敏感度，培养婴幼儿的听觉能力。

三、婴幼儿听觉的个别差异很大，但这种差异随着年龄的增长而不断减小

我国心理学工作者廖德爱等人的研究表明，新生儿的听觉反应强度和形式有较大的个别差异。他们把出生后 24 小时以内的新生儿的听觉反应强度从弱到强分为 5 个等级。当受到强烈的声音刺激时，新生儿的反应依次如下：第一等级为闭着眼，眼或嘴动一下；第二等级是睁开眼睛，皱皱面部；第三等级是头扭动一下或面部带有哭相；第四等级是眼珠转动，头、眼有寻声运动；第五等级是扭头张望。由此看来，婴幼儿听觉的个别差异自出生以来就相当明显，但这种差异随着年龄增长有减小的趋势。

在婴幼儿的语言教育中，就其语言学习和发展而言，听力是不可缺少的一种能力，它是婴幼儿感知和理解语言的行为表现。而婴幼儿语音听觉系统的不断成熟与发展，为其听觉能力的培养提供了生理基础和物质前提。

实践演练

1. 尝试用访谈法对铭铭的妈妈进行调查，进一步了解铭铭的听觉语言发展情况。请列出访谈提纲（至少 3 个问题）。

例如：宝宝对什么话语有反应？

1.

2.

3.

2. 为了有目的性地观察铭铭的听觉语言发展情况，请为铭铭制定三个听觉语言指标，设计一张“听觉语言发展清单”。

听觉语言发展清单

观察内容	具体指标	观察方法	通过标准	是否通过	日期
听觉语言	对成人的语音逗弄报以微笑		日常观察 3 次中出现 1 次即可通过		
	用身体反应回应成人的语音逗弄				

3. 请将“情境导入”中的观察内容改成“日记描述法”形式记录。

婴幼儿姓名：　　　年龄：　　　时间：　　　观察者：
环境：
目的：
目标：

观察记录：

4. 根据铭铭的语言发展特点，对照该年龄段婴幼儿语言发展的一般水平，分析铭铭语言发展的状况，完成分析报告。

行为解释分析

结论：通过 ××× 和 ××× 的观察方法，我们注意到该婴幼儿……

1.

2.

3.

5. 根据分析报告，提出促进铭铭语言发展的合理建议。

措施及建议

（依据观察结论给出的建议）

1.

2.

3.

总结提升

听音是儿童语言发展的基础，语言发展从“听”开始。胎儿在 5 个月的时候就已经具备听觉，可以听到妈妈说话的声音、妈妈的心跳声、汽车开关门的声音等。新生儿已经形成感知辨别单一语音的能力。

一、语音偏好

0 ～ 3 岁婴幼儿能够分辨语音和其他声音，实验证明，在所有的声音中，0 ～ 3 岁婴幼儿更喜欢倾听言语，尤其喜欢听母亲的言语。研究者以出生几天的新生儿为对象开展实验，分别设立两个人工乳头，一个连接着一小段言语录音或歌声录音，另一个连接其他乐器或有节奏声音的录音。只要新生儿吸吮，便会接通电源，两种不同的声音就会播放。结果发现，连接言语或歌声的人工乳头更容易引起新生儿的吸吮反应。这说明 0 ～ 3 岁婴幼儿对周遭声音中的言语表现出语音的偏好，而在所有的言语中，0 ～ 3 岁婴幼儿对自己母亲的声音的偏好格外显著。在 0 ～ 3 岁婴幼儿吸吮乳头的时候，如果出现母亲的声音，其吸吮频率会增大，而出现他人的声音则不能。

二、听音的发展

新生儿会因为突然出现的声音而受到惊吓或被惊醒。

2 个月的婴儿能够分辨两音间的差异及节奏，对成人的说话做出反应。

3 个月的婴儿会以微笑、手舞足蹈等行为回应成人的语音逗引。

3 个月以上的婴儿，听辨音开始朝着精细的方向发展。

任务二　0～3岁婴幼儿视觉语言观察、记录与评价

情境导入

一位父亲的早期阅读体验

每天下午下班回来之后，我会把儿子洛洛放在小围栏里，给他读绘本。现在儿子的接受能力很强，我想这是培养良好阅读习惯的机会。儿子最喜欢的绘本刚开始是《猜猜我有多爱你》，那时他6、7个月。他对语音和语调比较敏感，所以会认真地听，眼睛一直盯着我，会停下所有的动作仔细听我读绘本。等他8、9个月的时候，会和我有交流，尤其是当我读到重音或者俏皮的文字时，儿子就会咯咯地笑。到了10、11个月的时候他就开始黏人了，读完一本之后，还会要求读下一本，会没完没了地让我读给他听。这时，儿子对绘本的内容也有兴趣了，比如有一本绘本《从头动到脚》，里面有一个海豹拍手的动作，每次读到这一页，他都会鼓掌拍手，好似在盼着读到这一页，后来读多了他又会对猩猩捶胸、大象跺脚、鳄鱼扭屁股的动作很感兴趣。所以，多读绘本对宝宝真的是益处多多。

思考答疑

1. 洛洛的视觉语言发展水平如何？
2. 洛洛爸爸可以怎样帮助他进行视觉语言训练呢？

知识点拨

目前的研究表明，在婴儿满月以后，就可以对其开展阅读教育，使婴儿萌发早期阅读的兴趣。成人可以在让婴幼儿听和说的同时，选择一些适合其年龄阶段的读物，如图片、图形、脸谱等，要求背景简化，色彩对比强烈，主要认知物突出、明朗，图书页面最好较大。家长要边指导婴幼儿观看画面边用语言进行讲解，采取“点读”的方法，即家长用手指点着画面或文字，指到哪儿就读到哪儿，以使婴幼儿的注意力集中指向阅读的内容。每次阅读的时间1～3分钟不等。阅读内容不必频繁更换，视婴幼儿的兴趣情况而定。

成人应给婴幼儿提供阅读的空间和时间，培养婴幼儿良好的阅读习惯，如教会他们拿书的方法、阅读时的正确姿势、阅读后把书放回原来的地方等。成人可以允许婴幼儿独立地看书，你会发现，婴幼儿一会儿把书拿颠倒了，一会儿从后向前翻书，一会儿连翻好几页。成人千万不要去制止他们，这表明婴幼儿正在“研究”和“探索”书。

实践演练

1. 尝试用访谈法对洛洛的爸爸进行调查，进一步了解洛洛的视觉语言发展情况。请列出访谈提纲（至少 3 个问题）。

例如：宝宝喜欢阅读吗？

1.

2.

3.

2. 为了有目的性地观察洛洛的视觉语言发展情况，请为洛洛制定三个视觉语言指标，设计一张“视觉语言发展清单”。

视觉语言发展清单

观察内容	具体指标	观察方法	通过标准	是否通过	日期
视觉语言	看书时和成人发生共同注意		日常观察 3 次中出现 1 次即可通过		
			日常观察中出现 1 次即可通过		
	看书时对书本中的事物有反应				

3. 请将“情境导入”的观察内容改成“日记描述法”形式记录。

婴幼儿姓名：　　　　年龄：　　　　时间：　　　　观察者：

环境：

目的：

目标：

观察记录：

4. 根据洛洛的语言发展特点，对照该年龄段婴幼儿语言发展的一般水平，分析洛洛语言发展的状况，完成分析报告。

行为解释分析

结论：通过 ××× 和 ××× 的观察方法，我们注意到该婴幼儿……

1.

2.

3.

5. 根据分析报告，提出促进洛洛语言发展的合理建议。

措施及建议

（依据观察结论给出的建议）

1.

2.

3.

总结提升

阅读对婴幼儿的发展十分重要，从某种程度上说，早期阅读情况会影响婴幼儿的一生。一方面，成人应该重视婴幼儿的早期阅读，为婴幼儿开展早期阅读活动；另一方面，成人应该树立正确的阅读观念。首先，婴幼儿时期的阅读目的应该是培养婴幼儿的阅读兴趣以及良好的阅读习惯，而不是为了让婴幼儿学到更多的知识。其次，成人要为婴幼儿创设良好的阅读环境，例如家长可以在家中为孩子布置一个温馨的图书角。再次，成人要注意婴幼儿的阅读方法。受年龄特点的影响，婴幼儿更适合亲子“互动”的阅读方法，因此，家长要摒弃拿着书本一页一页读的单一方法，而采用游戏的方法开展早期阅读活动。最后，为婴幼儿选择合适的阅读材料也十分重要，考虑到他们的年龄特点，可为他们选择色彩对比强烈、情节互动性强的绘本。

当婴幼儿会坐以后，成人可以抱着婴幼儿让其坐在自己的膝盖上，和婴幼儿进行“平行式”的阅读，即成人和婴幼儿共同看着画面，让婴幼儿自由接近阅读内容。成人可以给婴幼儿选择画面色彩鲜艳、有少量文字的低幼读物，内容最好是动物、人物、玩具和婴幼儿较熟悉的事物。成人对书中的文字和画面采取“点读”的方法，以训练婴幼儿的手眼协调能力和有意注意能力。

任务三　0～3岁婴幼儿运动语言观察、记录与评价

情境导入

昊昊已经5个月大了，这会儿正在和妈妈“说话”呢。可是昊昊不停地说着“啊不……啊不……”，都不肯给妈妈说话的机会，妈妈好不容易逮着机会说话：“昊昊，口说干了没有呀？”昊昊却不管，又开心地说了起来。

思考答疑

1. 昊昊的运动语言发展水平如何？

2. 妈妈可以怎样帮助昊昊进行运动语言训练？

知识点拨

0～3岁婴幼儿运动语言的发展

婴幼儿运动语言指的是婴幼儿语音表达，即婴幼儿说话。婴幼儿1岁左右，开始说出第一批词汇，正式发出有意义的语音，言语真正产生。在发展过程中，婴幼儿语音表达会受到发音器官的生理成熟程度和语音难度的限制，语音表达的发展具有一定的规律性。

一、从无意义发音到有意义音节

在语音发展过程中，婴幼儿逐渐学会使用语音和语调表达意思。例如，嘴里发出“huhu”音，身体朝向喝水的地方，以此告诉成人“要喝水”。这时的语音表达往往意有所指，表现得有意义。

二、从元音到辅音

在语音发展过程中，元音的表达早于辅音。较早出现的元音有 a、e、i、u、o，b、p、m、f 等辅音出现得稍晚。

三、从单音节到多音节

从单音节的语音表达，如 a、ei、yi、ou 等，发展到发出双音节或多音节的音，如 ma–ma、ba–ba。

四、从不准确到逐渐准确

进入语言发生发展阶段后，婴幼儿语音发展较迅速。在良好的语音环境下，发音能逐渐趋于准确。

实践演练

1. 尝试用访谈法对昊昊的妈妈进行调查，进一步了解昊昊的运动语言发展情况。请列出访谈提纲（至少 3 个问题）。

例如：宝宝可以发出哪些音节？

1.

2.

3.

2. 为了有目的性地观察昊昊的运动语言发展情况，请为昊昊制定三个运动语言指标，设计一张“运动语言发展清单”。

运动语言发展清单

观察内容	具体指标	观察方法	通过标准	是否通过	日期
运动语言	可以发出音节		日常观察 3 次中出现 1 次即可通过		
			日常观察中出现 1 次即可通过		
	可以和成人“对话”				

3. 请将“情境导入”中的观察内容改成“日记描述法”形式记录。

婴幼儿姓名：　　　　　年龄：　　　　　时间：　　　　　观察者：

环境：

目的：

目标：

观察记录：

4. 根据昊昊的语言发展特点，对照该年龄段婴幼儿语言发展的一般水平，分析昊昊运动语言发展的状况，完成分析报告。

行为解释分析

结论：通过 ××× 和 ××× 的观察方法，我们注意到该婴幼儿……

1.

2.

3.

知识点拨

0～12个月婴幼儿语音的发展

0～3个月婴儿的发音一般以单音节为主，这个时期婴儿的哭声中带有明显的“a、ai、ei、o、i”等发音，这些音通过气流随口腔发出，婴儿嘴形的改变导致发音的不同。因为受发音器官成熟度影响，涉及舌根音、唇齿音的发音在这个阶段都不会出现。

学堂在线

宝宝语音学话

4～9个月的婴儿发音开始增多，新增了“b、d、m”等的发音。同时，发音的连续性开始增加，会连续发出“ma、ba、pa、da”等音。这个阶段的婴儿开始懂得用语音和成人交流，成人与婴儿说话时，婴儿会用咿呀语应和，成人给予的言语刺激越多，婴儿回应的咿呀语越丰富。这样的咿呀语可以让婴儿的发音器官得到锻炼，学会调节和控制发音器官，为后续的语言发展做准备。

10～12个月的婴儿随着发音器官的发展，能够发出更多的音节，并且能够将不同的音节连接起来发，如“yo-ye、h-ei-o”等。这样的发音是婴儿的无意识发音，对于言语的形成没有实际意义，但可以为今后的言语发展做好发音上的准备。同时，这个阶段的婴儿开始模仿成人的发音，成人重复婴儿的发音会让婴儿更多地发出此音。

5. 根据分析报告，提出促进昊昊语言发展的合理建议。

措施及建议

（依据观察结论给出的建议）

1.

2.

3.

总结提升

成人可以通过日常生活中的对话，帮助婴幼儿习得语言或学习语言。婴幼儿在日常生活中与成人有着密切的接触，这种交流活动为成人对婴幼儿进行语言教育提供了很好的机会。随时随地将周围东西的名称讲给婴幼儿听，是最常见的一种语言教育方式，如吃东西时告诉孩子食品名称——“这是牛奶，它是白色的”“这是鸡蛋，它圆圆的”。长此以往，孩子在交流中自然而然地就学会了表达和描述。

任务四　0 ~ 3 岁婴幼儿书写语言观察、记录与评价

情境导入

东东两岁多的时候开始到处画，不给他笔，他就拿硬东西在墙上画，不让画他就哭。

思考答疑

1. 东东的书写语言发展水平如何？
2. 家长可以怎样帮助东东进行书写语言训练？

知识点拨

涂鸦是锻炼孩子眼睛、身体、手部肌肉动作协调的一项活动，可以增强孩子脑、眼对手的控制能力。

婴幼儿的涂鸦会经历未分化涂鸦（1.5 ~ 2 岁）、控制涂鸦（2 ~ 2.5 岁）、圆形涂鸦（2.5 ~ 3 岁）和命名涂鸦（3 ~ 3.5 岁）4 个发展阶段。

学堂在线

一岁宝宝涂鸦

随着孩子年龄的增长及手指小肌肉的逐渐协调，孩子不同阶段的涂鸦所表现出的特点也有所不同。

一、未分化涂鸦

这种行为表现最明显的就是刚进入托班的宝宝，他们拿起笔就漫无目的地涂抹起来，凡是能画的地方都会有他们涂抹的痕迹。因为他们手的发育不完善，眼动轨迹杂乱，脑、眼、手还不够协调，所以他们画出的是一些无序的线条，且边画、边说、边玩。这一阶段的涂鸦只是满足他们的动觉。

二、控制涂鸦

经过了一段时间的涂鸦活动，孩子逐渐发觉自己的动作跟画纸之间有了某

种联结，于是，孩子会尝试用视觉来控制自己的动作，即手眼协调。外在表现是涂鸦中出现了上下左右线段、锯齿线、螺旋线等，不画到纸外，图形较集中。此时，孩子手腕比以前灵活，但腕关节活动范围仍较小，因此孩子还不会画圈。

三、圆形涂鸦

由于肩、肘、手腕关节的发育，孩子会画圈了，同时能注视涂鸦时笔的运动方向（在控制涂鸦阶段，视觉控制动作，此时已经转移到笔上了），能够画出未封口的、封口的、螺旋的圆。

四、命名涂鸦

东东拿起一支绿色的蜡笔，画了一条歪歪扭扭的线，还在边上涂画了几个圈圈。他指着曲线告诉大家："这是蛇。"他又指着圈圈说："这是石头。"进入命名涂鸦阶段的孩子能朦胧地意识到线条与实物间的联系，他们会自言自语地对线条加以说明，给线条起名字。这种命名涂鸦并非是先想好主题再涂画，而是看到所画的符号像什么就赋予它相应的含义。所以涂鸦画的命名是其思维发展的一个重要标志。能够观察画面形象并给它取名，这表明婴幼儿已经由以动觉的满足为基本动机转变为对画面形象的兴趣，即婴幼儿已从涂画的动觉思维发展到了形象思维，并具备了一定的视觉记忆。

实践演练

1. 尝试用访谈法对东东的家长进行调查，进一步了解东东的书写语言发展情况。请列出访谈提纲（至少 3 个问题）。

例如：宝宝一有机会拿到笔就会试图在纸上或者墙上涂画吗？

1.

2.

3.

2. 为了有目的性地观察东东的书写语言发展情况，请为东东制定三个书写语言指标，设计一张“书写语言发展清单”。

书写语言发展清单

观察内容	具体指标	观察方法	通过标准	是否通过	日期
书写语言	拿到笔就会试图在纸上或者墙上涂画		日常观察 3 次中出现 1 次即可通过		
			日常观察中出现 1 次即可通过		
	在沙子里“印”下玩具上的图案				

3. 请在生活中观察一个婴幼儿，填写涂鸦活动观察记录。

涂鸦活动观察记录

婴幼儿姓名：　　年龄：　　时间：　　观察者：

环境：

目的：

目标：

观察记录：

时间	客观描述（配照片）	主观分析

4. 根据东东的语言发展特点，对照该年龄段婴幼儿语言发展的一般水平，分析东东语言发展的状况，完成分析报告。

行为解释分析

结论：通过 ××× 和 ××× 的观察方法，我们注意到该婴幼儿……

1.

2.

3.

知识点拨

如何陪伴孩子度过他的涂鸦时光

家长为孩子布置一个安全的涂鸦环境是很重要的，让孩子有一个有限制的自由空间，这可以让他知道，在这个空间里他可以随意自由地去涂鸦，超过这个空间范围就是违反“规则”，以避免“熊孩子”将家里画得到处都是，特别是限量版墙纸或家具。

如果家里空间足够的话，可以为孩子提供能大面积涂鸦的墙或画纸，供孩子随心所欲地涂鸦，或者准备一本涂鸦本供孩子尽情地表现，鼓励孩子在自己专用的画板上施展“手笔”。

将绘画材料和工具放在孩子能看到拿到的地方，这样当他们想画的时候随时可以拿到。要引导孩子养成画完之后将工具放回原处的习惯，就跟他们每天玩了玩具要整理玩具一样。

切忌手把手教孩子如何画，或者画好后让孩子参照着画，这样容易让他不自信或产生依赖性，不敢也不愿意自己去创作去想象。当孩子已经出现不愿意自己创作的情况时，家长要适当示弱，委婉地拒绝孩子要求你画画的请求，可以和孩子一起画，但不要模仿孩子的创作，更不要将自己的画和孩子的画进行比较。

5. 根据分析报告，提出促进东东书写语言发展的合理建议。

措施及建议

（依据观察结论给出的建议）

1.

2.

3.

总结提升

孩子的涂鸦是一种直觉行为，因此，在孩子涂鸦时，家长应尽量避免过多的干扰。但有些家长会忍不住鼓励孩子去画一些“真实”的东西，来满足自己的“成就感”。殊不知孩子在画这些“真实”东西的过程中需要通过观察进行比较，进行程序化和模块化的思维，而非直觉。这种做法短期上来看，超越了婴幼儿发展的阶段，可实际上它却阻滞了孩子灵感与创造性的发展，严重妨碍了他们未来的成长。

任务五　0 ~ 3 岁婴幼儿语言发展活动设计

情境导入

小李家的宝宝是个活泼可爱的孩子，小李休完产假之后，就让奶奶把孩子带回老家照料。奶奶把孩子喂养得很好，白白胖胖。小李问孩子的情况，奶奶会说：“好着呢，放心吧。”“这个孩子特别乖，不哭不闹，不像人家的孩子那么闹腾。”小李刚开始的时候特别欣慰，觉得真是个懂事的宝宝。放假她回到老家后，和宝宝说话，宝宝爱答不理的，问上十句能说一句就不错了，多数时候都是用手指指或者用点头摇头来表达自己的要求。这下小李可慌了神。

思考答疑

1. 请制定本次语言发展活动的目标。

2. 完成本次语言发展活动的设计与组织。

知识点拨

婴幼儿早期语言形成与发展的环境主要是家庭。因此，家长对婴幼儿的语言指导尤为重要。婴幼儿的语言是在与父母的互动中获得和发展的。下面列举一个促进婴幼儿语言发展的亲子活动的例子。

【样例】

活动名称：小老鼠。

适宜年龄：10 ～ 24 个月。

活动组织者：家长。

活动目标：促进亲子交流，发展婴幼儿语音知觉能力。

活动准备：宝宝心情愉快的时候。

活动过程：

1. 宝宝背靠妈妈坐在地板上。

2. 妈妈跟随儿歌节奏抬高腿部。

3. 在说到“叽里咕噜滚下来”的时候，妈妈放平腿部。

附儿歌：

小老鼠，上灯台。

偷油吃，下不来。

喵喵喵，猫咪来。

叽里咕噜滚下来。

温馨提示：

1. 妈妈需要配合儿歌节奏与宝宝互动。

2. 活动熟练后，可将腿部动作变换至手上，通过改变动作帮助宝宝熟悉儿歌并感受韵律。

实践演练

语言发展活动设计。

活动名称：

活动目标：

活动准备：

活动过程：

一、导入活动

二、组织活动

三、结束活动

四、延伸活动

课中实训

总结提升

语言发展活动的设计是指根据婴幼儿语言发展的规律和特点，创设一定的环境，设计出对婴幼儿进行语言发展教育的活动内容和方法。在设计时，应从游戏活动、生活教育以及环境入手灵活开展，以达到促进婴幼儿语言发展的目的。

课后巩固

课后提升

1. 设计一个训练婴幼儿“视觉语言”的发展方案。

2. 设计一个训练婴幼儿“听觉语言”的发展方案。

拓展资源

亲子阅读

良好的阅读习惯对婴幼儿潜力的开发有着不可估量的作用。0 ～ 3 岁婴幼儿的阅读主要表现为亲子阅读。亲子阅读不仅能让宝宝学习各种各样的知识、提高语言能力，而且能促进亲子间的情感满足。

学堂在线

亲子阅读

婴幼儿的语言发展特点表明，每个正常的婴幼儿天生都是学习语言的专家，0 ～ 3 岁是掌握语言的敏感期和关键期。这是因为迅速发育的大脑对语言有着极其敏锐的吸收与储存能力。图文并茂、声情并茂的早期阅读是婴幼儿自然地学习口头和书面语言的最佳途径。

目前，国际婴幼儿语言教育研究者提倡“完整语言”的教育。这种观点认为：尽管婴幼儿以发展口头语言为主，但应当为婴幼儿创造一定的接触读和写的机会。已有研究提出，2 岁是婴幼儿口头语言发展的关键期，4 ～ 5 岁是婴幼儿学习书面语言的关键期。成人若能抓住关键期的有利时机及时进行适当的培养，婴幼儿的语言教育就能收到事半功倍的效果。也有一些研究表明，缺乏良好的早期阅读经验的儿童入学后会有学习适应上的困难、缺乏阅读兴趣、阅读理解能力差等问题。因此，我们应适时地培养婴幼儿对早期阅读的兴趣和习惯，使之成为他们一生取之不尽的财富。

一、0～1 岁婴儿的亲子阅读

在这一阶段进行亲子阅读不仅能让婴儿对周围的事物有简单的认知，比如认识水果、蔬菜、花草等，还可以培养婴儿对语音的初步认识和对色彩的初步印象，培养他们对美的欣赏能力。实际上，与促进婴儿认知发展相比，让婴儿从亲子阅读中感受到父母的爱更为重要。父母的声音、表情，父母阅读时怡然自得的神态，这些都可以让婴儿感受到父母对阅读的热爱，这种热爱会融入孩子幼小的生命中。0 ～ 1 岁的婴儿喜爱听富有节奏、好听有趣的儿歌，喜欢看色彩对比强烈、内容简单的图画书。因此，除了韵律优美、节奏明快的儿歌外，父母选择阅读材料时一定要注意以下几点：

第一，画面简单。最好挑选构图较简单、颜色较明快、轮廓较清楚、线条较干净的图画书。

第二，情节简单、重复。由于受到孩子认知能力的影响，在这个阶段，情节简单的书最适合孩子。尤其是一些情节反复的故事，会引发孩子极大的兴趣。

第三，主题积极向上。这个年龄阶段的孩子极爱模仿，又没有太多分辨是非的能力，正所谓“染于苍则苍，染于黄则黄”。因此，父母选择的阅读材料主题一定要积极、健康，要能起到正面的示范作用。

除上述几点外，对于0～1岁的孩子来说，亲子阅读时父母还要从安全性的角度出发，最好选择圆角书，以免刮伤孩子，可以买一些塑料书和布书等。

特别值得一提的是，随着孩子认知水平的提高，父母可以选择一些内容稍稍超越这个年龄段孩子的理解能力，更丰富、更有趣的故事书。即便孩子无法理解故事的全部内容，也能从讲故事人的语调、体态、表情中体会到故事给人带来的美。当然，在与孩子阅读这类故事书的时候，父母应更积极地投入其中。有这样一个例子：一位妈妈每晚都给她不到1岁的孩子讲述《小红帽》的故事。这个孩子并不真的懂得这个故事的意义（他从未见过真实的大灰狼或是图画中的大灰狼），他只是爱听讲故事人的声音，喜欢妈妈的抚摸。这位妈妈的阅读方法是：讲小姑娘戴着红帽子时摸摸孩子的脑袋；讲小姑娘采花时摸摸孩子的手；讲小姑娘挎篮子时摸摸孩子的胳膊；讲小红帽被大灰狼吃掉时把孩子抱得紧一点；讲猎人剪大灰狼肚子时摸摸孩子的肚子。这位妈妈总是把猎人的名字改成孩子的名字，结尾还编了一首歌颂小猎人的歌。于是，这个孩子从“阅读”中体会到的最重要的一点是：妈妈的爱。他的理解也许是：遇到困难—亲自解决—妈妈夸奖。在亲子阅读中，孩子是通过妈妈来理解故事、欣赏故事的，这就实现了亲子阅读的意义。

二、1～2岁婴幼儿的亲子阅读

1～2岁的孩子已经可以在阅读中理解生活、体验情感了。孩子1岁以后，由于生活经验的增加，已经开始学习理解简单的寓言、笑话、诗歌、小说等文学作品了。因此给这个年龄段的孩子选书，尤其要考虑知识含量以外的因素，以丰富孩子的生活体验，增强他对文学作品的欣赏力。具体来说，父母在选择阅读材料时要注意以下几点：

第一，主题鲜明。故事的主题鲜明，有助于孩子自己理解，也有助于家长给孩子讲解。

第二，经验扩大。随着年龄的增长，孩子的好奇心越来越强，他们更多地希望了解外面的世界，视野也逐步从家里扩大到户外，尤其对刚开始接触的户外新鲜事物（如交通工具、动物、商店等）表现出强烈的兴趣。因此，父母可以根据孩子好奇心的方向或程度，挑选题材合适的图画书。

第三，紧贴生活。此时，父母需要慢慢帮助孩子建立良好的生活习惯了。在这方面，故事的力量是无穷的。孩子爱模仿故事中的人物、小动物，故事中的角色是孩子最好的榜样。像图画书《鳄鱼怕怕　牙医怕怕》中涉及的生活场景就是孩子都有点怕的医院，相信读过这个故事的孩子一定不会忘记刷牙了！

1～2的孩子可以与父母很好地分享阅读了。父母可以把孩子拥入怀中，声情并茂地为孩子读故事。讲到一些复杂的情节时，父母可以停下来，多重复几遍，或者配上自己稍显夸张的动作和表情，以增进孩子的理解。

值得一提的是，这个年龄的孩子非常喜欢怪诞的故事。一位母亲说她的孩子最喜欢的作品是《一个怪老太的故事》：怪老太下楼不走楼梯，拿着砖头当菜，一摔跟头就掉东西，而且掉了自己也找不着。可见，在这个年龄段，孩子们已经开始慢慢地感受到故事中的情感。因此，父母阅读故事时，要全身心、全情地投入，这样才能和孩子“共情”。

三、2～3岁婴幼儿的亲子阅读

2～3岁是婴幼儿早期阅读的关键期。为这一年龄段的孩子选择阅读材料时应考虑以下几个因素：

第一，题材丰富。在这个阶段，孩子的想象力日渐丰富，探索更远、更大世界的欲望也越发强烈。因此，父母应该给孩子创造探索的机会，选择题材更为丰富、涉及面更广、可预测情节发展的图画书，为孩子的发展提供更多的可能性。

第二，内容更深。孩子的理解力在与日俱增，因此，一些内容较为深刻的图书比较适合这个阶段的孩子，例如《彼得兔的世界》《母鸡萝丝去散步》等寓言性质的故事，父母可以试着给孩子读一读。

第三，重温看过的书。以前看过的书就要丢到一边了吗？当然不是，“温故而知新”同样适合孩子的阅读。在温习旧书的过程中，孩子一定会对故事有新的理解，对故事中的语言有新的感知。

在这个阶段的亲子阅读过程中，家长可以进行适度的提问，阅读后可以与孩子针对故事内容、情节进行讨论，最后再进行归纳，让孩子获得一定的阅读经验，提升孩子的语言表达能力。

考核评价

评价阶段	评价内容	佐证	教师评价	学生自评	学生互评	平台评测	是否达标（达标√ 未达标 ×）
课前自学	“学堂在线”完成度	平台数据					
	自学自测	完成测试题					
课中实训	访谈提纲设计	能够设计访谈提纲					
	语言发展清单设计	能够设计语言发展清单					
	语言观察记录	会用轶事记录法记录					
	语言观察分析报告	能够撰写分析报告					
	教育建议	能够提出教育建议					
	语言发展活动设计和组织	能够设计和组织语言发展活动					
	科学的儿童观、评价观	能够科学评价儿童					
	问题意识、研究意识	能够发现问题，研究问题					
课后巩固	课后提升	平台数据					
	拓展资源	平台数据					

项目五

0～3岁婴幼儿社会性发展观察、记录与评价

项目概述

每一个个体从出生开始，就面临着适应周围社会生活的各种挑战，包括认识自我、控制情绪、提高生活自理能力、学会与人交往、遵守社会规则以及掌握社会规范等。婴幼儿时期是培养社会情感和社会行为发展的关键期，是奠定其未来人格发展重要基础的阶段，关系到婴幼儿未来人格发展的方向和水平。因此，婴幼儿社会性发展水平也是评价婴幼儿发展的重要标准之一。

本项目重点学习0～3岁婴幼儿社会性发展观察、记录与评价的内涵和意义，0～3岁婴幼儿社会性发展观察、记录与评价的方法，0～3岁婴幼儿社会性发展的规律与特点，以及具体的实训任务：0～3岁婴幼儿自我意识观察、记录与评价，0～3岁婴幼儿社会性情绪情感观察、记录与评价，0～3岁婴幼儿人际交往行为观察、记录与评价，0～3岁婴幼儿社会性发展活动设计。

学习目标

素质目标

1. 树立科学的儿童观、评价观。
2. 尊重婴幼儿社会性发展规律，关心热爱婴幼儿。
3. 注重观察的主动性、敏感性、全面性。

4. 培养良好的自我意识、公民意识以及对工作的责任感和使命感。

知识目标

1. 理解 0 ～ 3 岁婴幼儿社会性发展观察、记录与评价的内涵、意义。
2. 掌握 0 ～ 3 岁婴幼儿社会性发展观察、记录与评价的方法。
3. 掌握 0 ～ 3 岁婴幼儿社会性发展的规律与特点。

能力目标

1. 能根据 0 ～ 3 岁婴幼儿的行为表现分析婴幼儿的社会性发展水平。
2. 能根据 0 ～ 3 岁婴幼儿的社会性发展水平提出合理的教育建议。
3. 能设计和组织 0 ～ 3 岁婴幼儿社会性发展活动。

案例先导

1 岁的文希已经会走路了，每天妈妈都会带他到楼下和同龄小朋友一起玩。慢慢地妈妈发现，每当有小朋友接近文希的时候，他就会举起小手试图拍小朋友的脑袋；有小朋友玩他的玩具时，他还会一把抢过来，并朝对方发出“啊啊”的声音。妈妈开始担忧：文希不懂得分享，还出现了攻击性行为。

妈妈的担忧对吗？如何对文希的社会性行为进行评价？

课前自学

一、0 ～ 3 岁婴幼儿社会性发展观察、记录与评价概述

（一）婴幼儿社会性发展观察、记录与评价的内涵

婴幼儿社会性发展观察、记录与评价是指评价者依据婴幼儿社会教育目标和社会性发展目标，运用科学的教育评价方法对婴幼儿的社会性发展及社会教育进行价值判断的过程。

（二）婴幼儿社会性发展观察、记录与评价的意义

（1）能够了解婴幼儿社会性发展的状况。

（2）为科学制定婴幼儿社会教育方案提供依据。

（3）有助于提高婴幼儿社会教育的水平。

二、0～3 岁婴幼儿社会性发展观察、记录与评价的方法

婴幼儿社会性发展观察、记录与评价的方法有观察法、谈话法、问卷法、社交图形法。观察法、谈话法、问卷法前面已有介绍，这里主要介绍一下社交图形法。

社交图形法指观察并记录婴幼儿的社会性行为，将他们的互动或其他交往的表现用图形的方式表示出来。这种方法实施起来很有趣，但容易受到主观判断的歪曲。

要记录一个社交图形有好几种方法。对于单个婴幼儿来说，时间抽样或追踪法都是相当好的选择。记录结果会告诉你婴幼儿个体在选定的时间内进行了多少次社会性接触。

关于社交图形法的具体运用，请扫码观看“学堂在线”。

学堂在线

婴幼儿社会性发展观察、记录与评价概述

三、0～3 岁婴幼儿社会性发展的规律与特点

（一）婴幼儿社会性发展的规律

1. 婴幼儿社会认知的发展

（1）对自我的认知：由主客不分到将自己与外在事物分离，代词“我”的使用标志着自我意识的形成；从轻信和运用成人的评价到自己独立做出评价；0 ～ 3 岁婴幼儿常以别人对自己的评价来估量自己，评价常常带有主观情绪与外在性；从不自觉行为发展到自觉行为。

（2）对他人的认知：2 岁以后，婴幼儿能逐步发现自己与他人在外形上的差异；能准确地使用“你”“他”这两个人称代词，标志着婴幼儿已把他人当作独立个体；2 岁以后学会评价别人“乖”与“不乖”；能通过行为特征与结果理解他人内在情绪与推断他人在集体中的地位。

（3）对社会环境的认知：由近及远，由简单到复杂，逐步扩展和深化。

（4）对社会规范的认知：婴幼儿的自我中心思维使他们还不能完全理解规则的真正目的。他们在游戏和行为中往往按照自己的规则进行，往往是在别人的行为中发现违规。

2. 婴幼儿社会情感的发展

婴幼儿的社会情感容易变化，情绪呈现出两极化的特征，有时上一秒还在哭，下一秒就笑了。婴幼儿容易受别人影响，看到其他伙伴哭了，也会哭起来。他们具有冲动性，2 岁至 2 岁半的婴幼儿开始表达自己的情绪，经常发脾气，用说“不”

表示独立。

3. 婴幼儿社会行为的发展

亲社会性行为是指婴幼儿与其他人交往时表现出的分享、帮助、安慰等利于人际交往的行为。婴幼儿很早就表现出利他行为，但这种行为是随着婴幼儿社会化的认知发展而变化的。婴幼儿的利他规范有一个逐步确立的过程，大约在 2 岁时，合作行为开始发生，婴幼儿会对他人的悲伤情感做出不同反应，并逐步发展出复杂的亲社会性干预意图与行为。

攻击性行为是一种以伤害他人或他物为目的的行为。攻击性行为最大的特点是具有目的性。而婴幼儿的许多攻击性行为并非对对方有明确的敌意，而是为了其他目的对他人造成伤害。研究者将这两类实质上有差别的行为分别称为工具性攻击和敌意性攻击。工具性攻击指婴幼儿为了获得某个物品所做出的抢夺、推搡等动作，这类攻击本身指向某一物品的获取。敌意性攻击指以人为指向目标，其目的在于打击、伤害别人。

1 岁左右的婴幼儿开始出现工具性攻击行为，到 2 岁左右，婴幼儿会表现出一些明显的冲突行为，如打、推、咬等。另外，攻击性行为存在明显的性别差异。

（二）婴幼儿社会性发展的特点

1. 亲子关系

婴幼儿早期的人际交往主要表现为亲子交往，亲子关系是影响婴幼儿社会性发展的重要因素。亲子关系是指婴幼儿早期与父母的情感联系，即依恋。它是婴幼儿寻求并企图保持与另一个人亲密的身体和情感联系的一种倾向。它是婴幼儿在与父母相互作用的过程中，在情感上逐渐形成的一种联结、纽带或持久的关系。

依恋的形成通常经历以下发展阶段：

（1）无差别的社会反应阶段（0 ～ 3 个月）。对人的反应没有分别，喜欢所有人，所有人对婴儿的影响都一样，各种接触都能让婴儿愉快，哪怕是对一个精致的面具也会露出微笑，没有对任何人产生偏爱，也不介意被陌生人抱起。

（2）有差别的社会反应阶段（3 ～ 6 个月）。对母亲偏爱，对熟悉的人和陌生人反应不同。对母亲多表现出积极性行为，比如微笑、发出“咿咿呀呀”的声音等，对陌生人反应少，但还不怯生。

（3）特殊情感联结阶段（6 个月～ 2 岁）。明显地表现出对母亲的依恋，形成了专门的情感联结：与母亲在一起时特别高兴，母亲离开则哭，不让母亲离开；别人不能代替母亲给婴幼儿的快乐；只要在母亲身边就能安心玩和探索周围环境。见到陌生人态度变化大，会紧张、恐惧或哭泣。

（4）目标调整的伙伴关系阶段（2 岁以后）。这时的婴幼儿随着认知水平和语言能力的发展，自我中心减少，开始理解父母的需要，能从父母的角度看待问题，他们开始认识和理解母亲的情感、需要、愿望，知道她爱自己，不会抛弃自己，他们已经理解父母离开的原因，知道他们什么时候回来，分离焦虑也随之减少。

2. 早期的同伴交往

0 ～ 3 岁婴幼儿虽然主要与其父母交往，但事实上也已开始了同伴间的相互交往，并在其交往中显现出了婴幼儿在社交方式和社会接受性方面的差异。如在 2 个月时，婴儿能注视同伴；3 ～ 4 个月时，婴儿能够相互触摸和观望；6 个月时，他们能彼此微笑和发出"咿呀"的声音。但是 6 个月前婴儿的这些反应并不具有真正的社会性质，其交往行为往往是单向的，缺乏互动性。

婴幼儿早期同伴交往通常经历以下三个发展阶段：

（1）以客体为中心阶段。婴幼儿的交往更多地集中在玩具或物品上，而不是同伴。

（2）简单交往阶段。婴幼儿已能对同伴的行为做出反应，经常企图去控制另一个婴幼儿的行为。

（3）互补性交往阶段。婴幼儿同伴间的行为趋于互补，出现了更多更复杂的社交行为，相互间模仿已较普遍，婴幼儿不仅能较好地控制自己的行动，而且还可以与同伴开展需要合作的游戏。

3. 婴幼儿自我认知的发展

自我认知的发展是推动婴幼儿社会化的重要力量，也是体现婴幼儿社会化的一个重要方面。

婴幼儿自我认知的发展可分为以下五个阶段：

（1）5 ～ 8 个月。婴儿显示出对镜像的兴趣，他们注视它、接近它、抚摸它，对它微笑。但他们对自己的镜像与对其他婴儿形象的反应没有区别，说明他们并未认识到镜像是自己的像、自己与他人的差别，以及自己是独立存在的个体。这是由于婴儿还没有萌生自我认知。

（2）9 ～ 12 个月。婴儿表现出了对自己作为活动主体的认识，表现为他们会以自己的动作引起镜像中的动作。他们主动地以自身动作引起镜像动作，表明婴儿产生了对自己作为活动主体的认识。这个阶段婴儿产生了初步的主体"我"。

（3）13 ～ 15 个月。婴幼儿已能区分自己做出的活动与他人做出的活动的区别，对自己镜像与自己活动之间的联系和关系有了清楚的认知，说明婴幼儿已能够把自己与他人分开。主体"我"得到了明确的发展。

（4）16 ～ 18 个月。婴幼儿开始把自己作为客体来认识，表现在对客体特征（如红鼻头）与主体特征的联系的认知上，认识到客体特征来自主体特征，对主体某些特征有了稳定的认识。这反映了在客体“我”水平上的自我认知的发展。

（5）19～24个月。婴幼儿已具有了用语言标示自我的能力，如使用代词（“我”“你”）标示自我与他人。婴幼儿在此年龄已经能意识到自己的特征，能从客体中认识自己，用语言标示自己，表明婴幼儿已具有明确的客体“我”的概念。

（三）0～3岁婴幼儿社会性发展里程碑

1. 0～3个月

（1）会将头转向人声发出的方向；

（2）辨认出最初的看护者；

（3）与最初的看护者建立情感联系；

（4）在人脸上寻求安慰；

（5）发出社会性微笑；

（6）听到人声会变得安静；

（7）开始将自己和看护者区分开来。

2. 4～6个月

（1）以哭泣、咕哝声或微笑来寻找成人与自己游戏；

（2）用整个身体来回应熟悉的面孔，如看着对方微笑、踢腿和摆手；

（3）通过发声来回应成人的话语，积极地与他人互动；

（4）会对着熟悉的面孔微笑，对着陌生人则表情严肃；

（5）能区分熟悉与陌生的人和环境。

3. 7～9个月

（1）与喜欢的成人分离时变得沮丧；

（2）为了挽留喜欢的成人，会故意做出黏人或哭泣的行为；

（3）会特别喜欢把成人作为探索活动的依靠；

（4）当别人显示出悲伤时看着他们；

（5）喜欢观察别的孩子并可以和他们玩一会儿；

（6）喜欢游戏，对诸如拍手游戏和玩“躲猫猫”游戏有反应；

（7）独自游戏；

（8）形成对特定人或物品的喜好；

（9）看到陌生人会害怕。

4. 10～12个月

（1）对1～2位看护者表现出明确的偏爱；

（2）与其他孩子进行平行游戏；

（3）喜欢与兄弟姐妹游戏；
（4）开始有自己的主张；
（5）开始发展幽默感；
（6）通过辨认身体各部分来发展自我认同感；
（7）开始区分男孩和女孩。

5. 13～18个月

（1）要求获得注意；
（2）模仿他人的行为；
（3）越来越意识到自己是一个独立的个体；
（4）向最初的看护者以外的人表达喜欢之情；
（5）显示出对物体的占有欲；
（6）当自己独立完成某项任务时，可自动地形成自我观念。

6. 19～24个月

（1）对他人的陪伴表现出热情；
（2）从自我中心的角度看待世界；
（3）喜欢独自游戏或在成人附近游戏；
（4）参加功能性游戏；
（5）维护自己的物品；
（6）通过照片或镜子认识自己；
（7）使用代词“我”来称呼自己；
（8）根据突出的特征对身边的人分类，如种族或头发的颜色；
（9）看见陌生人不再那么害怕。

7. 25～36个月

（1）观察他人如何做事；
（2）进行单独或平行游戏；
（3）开始与其他孩子合作游戏；
（4）希望自己独立做事情；
（5）通过不断用“不”来表示独立；
（6）开始意识到别人的愿望和感受可能与自己的不一样；
（7）向父母、监护人和看护者提出要求甚至“指挥”他们；
（8）较少使用身体方面的攻击行为，更多地通过语言来解决问题；
（9）开始出现带有性别特点的行为。

自学自测

一、填空题

1. 婴幼儿社会性发展观察、记录与评价是指评价者依据（　　　　）和（　　　　），运用科学的教育评价方法对婴幼儿的（　　　　）及（　　　　）进行价值判断的过程。
2. 社交图形法指观察并记录婴幼儿的社会性行为，将他们的（　　　　）或其他（　　　　）的表现用图形的方式表示出来。
3. （　　　　）岁以后，婴幼儿能逐步发现自己与他人在外形上的差异；能准确地使用"（　　　　）""（　　　　）"这两个人称代词，标志着婴幼儿已把他人当作独立个体。
4. （　　　　）是指婴幼儿与其他人交往时表现出的分享、帮助、安慰等利于人际交往的行为。
5. （　　　　）是一种以伤害他人或他物为目的的行为，其最大的特点是具有（　　　　）。

二、思维导图

请用思维导图的形式绘制出"婴幼儿社会性发展的特点"。

思维导图

课中实训

实训目标

1. 能掌握0～3岁婴幼儿社会性发展观察、记录与评价的方法。

2. 能对0～3岁婴幼儿社会性发展进行评价和分析，并撰写观察记录。

3. 能根据0～3岁婴幼儿的社会性发展水平提出合理的教育建议。

4. 能设计和组织0～3岁婴幼儿社会性发展活动。

实训内容

任务一　0～3岁婴幼儿自我意识观察、记录与评价

任务二　0～3岁婴幼儿社会性情绪情感观察、记录与评价

任务三　0～3岁婴幼儿人际交往行为观察、记录与评价

任务四　0～3岁婴幼儿社会性发展活动设计

实训条件

婴幼儿社会性发展观察、记录与评价的实施条件

名称	实施条件	要求
实训环境	理实一体化教室	校园网无线Wi-Fi，可在线观看网络资源
物品准备	1. 签字笔；2. 记录本（活页）；3. 问卷样表；4. 手机或平板电脑等录音录像设备；5. 社会性发展活动材料（玩具、教具等）	活动材料充足，满足婴幼儿需求
知识准备	1. 具备评价婴幼儿社会性发展特点与水平的相关知识和操作技能；2. 具备婴幼儿社会性指导活动的知识技能	理解记忆相关知识点

实训步骤

1. 根据婴幼儿年龄段回顾婴幼儿社会性各方面发展水平。

2. 观察婴幼儿行为，撰写观察记录，分析婴幼儿社会性发展的特点。

3. 根据婴幼儿社会性发展特点，对照各年龄段婴幼儿社会性发展的一般水平，分析婴幼儿社会性发展的状况，完成分析报告。

4. 根据分析报告，提出促进婴幼儿社会性发展的合理建议。

5. 完成婴幼儿社会性发展活动的设计与组织。

任务一　0～3 岁婴幼儿自我意识观察、记录与评价

情境导入

10 个月的丫丫最近喜欢上了照镜子，每当爸爸把她抱到镜子前，丫丫都会咯咯咯地笑个不停，小手还会拍拍镜子，亲亲镜子。爸爸指着镜子里的丫丫告诉她，“这是丫丫的鼻子，这是丫丫的眼睛，这是丫丫的嘴巴……”这一幕恰巧被奶奶看到了，便大声呵斥道：“小孩子怎么能照镜子呢？会生病的！”

真的是这样吗？爸爸疑惑了。

思考答疑

1. 丫丫为什么喜欢照镜子？

2. 婴幼儿照镜子好还是不好呢？

知识点拨

自我意识是人类特有的意识，是作为主体的“我”对自己，以及自己与周围事物的关系，尤其是人“我”关系的认识，主要包括自我观察、自我监督、自我体验、自我评价、自我教育、自我控制和自我调节等。自我意识是个性的一部分，是衡量个性成熟水平的标志。个体在早期是不具备自我意识的，也就是说，个体在早期无法区别自己与外界的事物。最直观的证据就是婴儿会把自己身体的某个部位当作玩具，有些年轻的妈妈会发现她们的孩子经常抱着自己的小脚吮吸脚趾。

学堂在线

阿姆斯特丹的点红实验

婴幼儿的自我意识随着年龄的增长而不断发展，婴幼儿也因家庭环境和教育的不同而具有不同的自我意识，或积极良好的，或不良消极的。阿姆斯特丹（B. Amsterdam）的点红实验证明 24 个月的婴幼儿已经具有了自我意识，因而在婴幼儿小的时候，家长和保教工作者就要注重引导，培养他们良好的自我意识，以帮助他们形成健康的个性和优良的品质。

一、实验目的

研究婴儿的自我意识水平。

二、实验过程

阿姆斯特丹（1972）借用动物学家盖勒帕在黑猩猩研究中使用的点红测验

（以测定黑猩猩是否知觉“自我”这个客体），使有关婴儿自我知觉的研究取得了突破性进展。实验的被试是 88 名 3 ～ 24 个月大小的婴幼儿。实验开始，在婴幼儿毫无察觉的情况下，主试在其鼻子上涂一个无刺激红点，然后观察婴幼儿照镜子时的反应。研究者假设，如果婴幼儿在镜子里能立即发现自己鼻子上的红点，并用手去摸它或试图抹掉，表明婴幼儿已能区分自己的形象和加在自己形象上的东西，这种行为可作为自我意识出现的标志。

三、实验结论

阿姆斯特丹对研究结果经过总结得出，婴幼儿对自我形象的认识要经历三个发展阶段。第一个是游戏伙伴阶段：6 ～ 10 个月。此阶段婴幼儿对镜中自我的映像很感兴趣，但认不出他自己。第二个是退缩阶段：13 ～ 20 个月。此时婴幼儿特别注意镜子里的映像与镜子外的东西的对应关系，对镜中映像的动作伴随自己的动作更是显得好奇，但似乎不愿与“他”交往。第三个是自我意识出现阶段：21 ～ 24 个月。这是婴幼儿在有无自我意识问题上的质的飞跃阶段，这时婴幼儿能明确意识到自己鼻子上的红点并立刻用手去摸。

实践演练

1. 如果让你观察评价一位 2 岁婴幼儿的自我意识发展情况，你将如何开展研究？

知识点拨

婴幼儿在 2 岁时的自我意识主要表现在以下方面。

一、善于表现自我

在熟人面前非常愿意表现自己，稍微学会一点知识，就会急忙在亲人面前表现，如果这时得到认可，更是一发不可收。

二、认识自己

婴幼儿这时候基本明白了“你”“我”“他”的含义，知道“我”是指自己，而且学会了维护自己的利益，比如保护自己的玩具。从这时开始变得很有主张，自己能完成的事情不愿意别人帮忙，会说“我自己来”“我来做”之类的话来拒绝大人的帮助。不肯再事事听从大人的安排，想按自己的想法痛痛快快地玩耍，想得到什么就非得到不可，对自己的东西不依不饶地强调“这是我的”。如果父母不同意婴幼儿自我行事，他就会发脾气、哭闹。

三、主动性强

1 岁的婴幼儿需要家长监督上厕所，而 2 岁的婴幼儿会主动地表达想去厕所的意思，在外面时会主动地寻求家长的帮助。女孩在 2 岁时对挑选漂亮的衣服可能会更感兴趣，会渐渐有自己的审美观，喜欢照镜子、简单地梳头发等。此时的婴幼儿已经有自己动手穿衣、梳头的本领了。

四、明白简单的规矩

2 岁的婴幼儿已经懂得简单的规矩，见到人的时候会打招呼，离开的时候会说“再见”，知道哪些东西是危险的，明白家长所定的一些规矩。

2. 请根据“知识点拨”中 2 岁婴幼儿的自我意识表现，选择合适的行为项目编制观察清单。

行为项目观察清单

类别	行为项目	是	否
自我意识	1.		
	2.		
	3.		
	4.		
	5.		
	6.		

学堂在线

幼儿争夺玩具

3. 扫码观看视频中两个幼儿争夺玩具的场景，尝试撰写观察记录。

观察目的：观察 2 岁婴幼儿的自我意识发展情况

观察目标：观察并记录两个 2 岁婴幼儿玩玩具时的场景和使用的语言

观察对象：（姓名、年龄、性别等）

观察环境：

观察记录：轶事记录法、行为检核法、事件取样法（观察方法根据观察目的自己定）

4. 搜集帮助婴幼儿渡过自我意识敏感期的小游戏，并与同学们分享。

游戏名称：

游戏玩法：

总结提升

自我意识的发展是推动婴幼儿社会化的重要力量，也是体现婴幼儿社会化的一个重要方面。对婴幼儿开展自我意识发展的观察、记录与评价活动有助于及时发现婴幼儿社会化过程中的问题，从而为婴幼儿的人际交往、社会适应等奠定基础。

任务二　0～3 岁婴幼儿社会性情绪情感观察、记录与评价

情境导入

小托班一名叫慧慧的小朋友，每次在妈妈离园时都会拼命地哭闹。每当这时妈妈都会非常生气地吼道："再哭妈妈就不来接你了！"说完就转身离开。妈妈走后，慧慧的哭声更大了，甚至其他小朋友也跟着哭起来。

学堂在线

婴幼儿分离性焦虑

思考答疑

1. 如何解释和评价慧慧这一行为呢？

2. 为什么其他小朋友也跟着哭起来了呢？

知识点拨

婴幼儿入园焦虑又称婴幼儿分离焦虑，在新入园的婴幼儿中是一种很普遍的现象。婴幼儿离开父母或者照护者进入陌生的环境，是他们遇到的非常大的挑战，往往会出现强烈的不安全感，表现出哭闹、不安、依恋等一系列焦虑症状。

依据马斯洛的理论，当我们生理需求缺失、安全感缺失、归属感与自尊心缺失时就会变得焦虑不安，所以婴幼儿刚入园出现分离焦虑是正常的心理现象。有的孩子会逐渐适应，但个别孩子需要给予较多关注才能缓解焦虑情况，否则极易出现持续焦虑、社交退缩及其他生理心理问题，严重地影响其身心发展。

一、入园焦虑常见原因

入园焦虑是婴幼儿对父母及主要照护者的依恋行为和对陌生环境的一种本能的不安全感和害怕感。以下几方面因素相互作用，使婴幼儿产生入园初期的焦虑现象：

（1）与父母及主要照护者较长时间的分离。

（2）日常生活习惯的改变和自理能力挑战。

（3）生活环境和人际关系的变化。

（4）家长焦虑情绪和不良暗示影响。

二、入园焦虑常见干预措施

对于入园焦虑行为的干预措施有很多，主要是通过行为观察、记录与分析，针对不安全的认知、负面情绪和逃避的行为等问题，采取有效措施，帮助婴幼儿缩短适应期、快速稳定情绪，使新入园的婴幼儿积极融入集体角色，愉快地上托育园。具体措施如下：

（1）做好入园前家访，提前对婴幼儿及其家长进行指导，消除家长的焦虑情绪。

（2）开展入园前参观活动及亲子活动，让婴幼儿了解并熟悉托育园的环境。

（3）培养婴幼儿的生活自理能力。

（4）培养婴幼儿的社会交往能力。

（5）提高婴幼儿对入托的认知，要告诉婴幼儿，早上送其进托育园，晚上一定会来接，让婴幼儿知道并不是永远见不到家长了。

（6）尊重与接纳婴幼儿的情绪，及时共情。

（7）针对严重焦虑，通过细心观察和家园合作，制订科学的计划帮助婴幼儿走出困扰。

实践演练

1. 尝试用访谈法对慧慧的妈妈进行调查，全面了解慧慧这一行为的原因。请列出访谈提纲（至少 3 个问题）。

1.

2.

3.

2. 如果想要了解慧慧全天在园这一行为的情况，你会采用什么观察方法开展研究呢？

3. 请查阅相关资料后，为慧慧设计一份行为表现观察记录表。

行为表现观察记录表

行为表现	时间					
1. 大哭大闹						
2.						
3.						
4.						
5.						

4. 如果你是幼儿园老师，你将如何帮助慧慧？请提出合理的教育建议。

总结提升

分离焦虑是婴幼儿时期较常见的一种社会性情绪障碍，每个孩子都可能会有，只是轻重程度不同而已。开展婴幼儿的情绪情感观察、记录与评价活动有助于及时全面地关注婴幼儿的情绪情感，帮助其更好地适应集体、适应社会。

任务三　0～3 岁婴幼儿人际交往行为观察、记录与评价

情境导入

嘉怡是一个聪明的小女孩，刚满 3 岁的她就已经认识许多字，能背唐诗，喜欢画画，也喜欢读绘本。但是，妈妈却说嘉怡是个黏人的小女孩，在小区里玩的时候，必须由妈妈或者其他亲人陪着，玩的时候也是一个人玩沙、玩滑梯，也不与人分享玩具。妈妈对此非常焦虑，但是却不知道怎么引导，于是便向嘉怡的老师求助。

思考答疑

1. 什么是婴幼儿人际交往？

2. 请根据材料简要描述嘉怡的人际交往行为。

知识点拨

人际交往也称人际沟通，指个体通过一定的语言、文字或肢体语言、动作、表情等表达手段将某种信息传递给其他个体的过程。例如：新生儿通过哭声将自己需要陪伴或者需要换尿布的信息传达给主要照料者；婴儿向妈妈张开

自己的手臂寻求拥抱；学步儿摇摇晃晃地跑到同伴身边，观看同伴的游戏；婴幼儿对早教中心教师提出的问题做出点头或摇头的反应等。

对婴幼儿来讲，人际交往主要包括亲子交往、同伴交往、师幼交往和其他交往四种类型，其中，亲子交往是 0～3 岁婴幼儿最重要的人际交往。

实践演练

1. 下图是幼儿园教师通过对嘉怡及其所在班级部分小朋友的人际交往观察绘制的社交图形。从图形中，你可以获取什么信息？

观察时间：2022 年 3 月 6 日全天

婴幼儿姓名：嘉怡、奔奔、彤宝、诺诺、大洋

婴幼儿年龄：3 岁左右

观察地点：小班教室

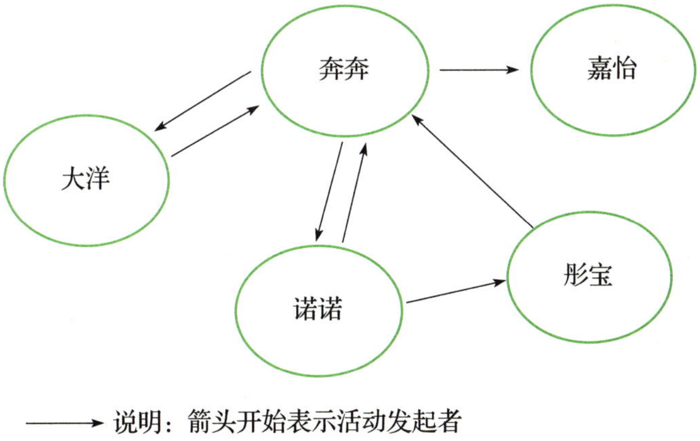

观察结果：

2. 尝试用访谈法对嘉怡的妈妈进行调查，了解嘉怡在家的行为表现。请列出访谈提纲（至少 3 个问题）。

1.

2.

3.

3. 请为帮助嘉怡提高人际交往能力提出几点教育建议。

总结提升

人际交往是婴幼儿社会性发展的重要内容，开展婴幼儿人际交往行为观察、记录与评价活动有助于及时发现婴幼儿在亲子交往、同伴交往、师幼交往以及其他交往中的问题，为教师和家长制订合理的教育计划提供依据，进而帮助婴幼儿更好地实现社会性发展。

任务四　0～3 岁婴幼儿社会性发展活动设计

情境导入

小班幼儿刚入园时，很多孩子都有不同程度的入园适应问题，为了帮助孩子们做好入园适应，小李老师决定和孩子们分享一些主题绘本，让孩子们在绘本故事中缓解焦虑，更好地适应幼儿园生活。

思考答疑

1. 请帮助小李老师搜集有助于小班幼儿适应集体生活的主题绘本，并与同学们分享。

2. 根据绘本内容尝试设计活动目标。

知识点拨

婴幼儿社会性发展活动是教师有目的、有计划地对婴幼儿施加适当的教育影响，引导婴幼儿积极主动地进行社会性练习，不断发展婴幼儿在社会认知、社会情感、社会行为等方面的能力的过程。

一、婴幼儿社会性发展的核心经验

（1）社会认知：我、我的、家、社区。

（2）社会情感：同情、爱、高兴、悲伤、喜欢、害怕、难过。

（3）社会行为：礼貌、互助、分享、关心、尊重。

二、设计与组织社会性发展活动的原则

（一）适应与发展性原则

设计的活动既要与婴幼儿的社会性发展水平相适应，又要促进婴幼儿的发展。不同的年龄特征决定了活动目标、内容、方法的不同。养育者和保教工作者要把握婴幼儿现有的发展水平和可能达到的水平，为婴幼儿创造社会性的“最近发展区”，活动目标、内容不能过易或过难。

（二）生活化原则

婴幼儿社会性发展活动内容要来源于婴幼儿周围的生活，要选择婴幼儿可以感知和体验的事物。避免将社会性活动变成讲道理活动，不要只是给婴幼儿讲道理，讲道理应与婴幼儿的生活体验相结合。

（三）主体性原则

在设计与组织活动目标、内容、过程时，应以婴幼儿为中心，凸显婴幼儿的主体地位，让其积极参与到活动当中。

（四）整体性原则

婴幼儿的社会性发展过程应该包括社会认知、社会行为、社会情感三大方面。在设计活动目标时，应该将这三个方面有机地结合起来，切忌只注重某一方面的培养。

（五）游戏化原则

在设计社会性发展活动时，教育者要创设婴幼儿感兴趣的教育情境，将活动游戏化。

（六）差异性原则

设计与组织活动的内容与过程时，教育者既要考虑婴幼儿的群体水平，又要兼顾婴幼儿发展的个别差异。

（七）多资源原则

照护者要充分利用多种资源设计活动，可以开发与利用生活中的物质资源（如图书馆、超市等）、人力资源（如家长、社区中的人员）、自然资源（如特殊的地域文化等）等。

（八）家园共育原则

要将活动延伸到婴幼儿家庭中，使活动效果得到进一步巩固。婴幼儿社会性的发展不是一蹴而就的，需要长时间反复的练习。

实践演练

婴幼儿社会性发展活动设计。

活动名称：

活动目标：

活动准备：

活动过程：

导入环节：

基本环节：

结束环节：

活动延伸：

知识点拨

最常用到的社会性发展活动教学方法如下。

一、讲解与讲述法

照护者通过讲述、讲解的形式向婴幼儿传递知识。讲解就是通过语言向婴幼儿说明事物或事情，如向婴幼儿说明要遵守哪些规则。语言要清晰、准确、有感情、生动形象、简单，可以多重复讲述或讲解几次。

二、示范法

这是社会性发展活动不可缺少的方法。教师通过示范榜样行为来让婴幼儿模仿。如在“自己穿上衣”活动中，教师向婴幼儿示范正确的穿上衣的方法。

三、角色扮演法

教师引导婴幼儿模仿社会生活中或故事中的角色和其所处的情境，让婴幼儿自觉做出该角色应该做出的规范的行为。如通过扮演爸爸、妈妈的角色，认识家庭成员的分工。

四、游戏法

在学习过程中，教师可以设计不同的社会性发展小游戏来与婴幼儿进行互动。婴幼儿可以在游戏中获得社会情感及锻炼社会行为。如组织“认识五官”游戏，帮助婴幼儿区别自己与他人。

五、行为练习法

通过反复实践练习掌握和巩固某个社会行为，如在“洗手活动”中反复多次让婴幼儿练习边念儿歌边学洗手。

六、移情法

这是社会性发展教育中主要用到的教学方法，常应用在社会认知和社会情感两类教育活动中。该方法主要是让婴幼儿在故事中、在创设的生活情境中去学会理解和分享他人情感。

总结提升

婴幼儿的社会性是在日常生活和游戏中，通过观察和模仿潜移默化地发展起来的。在设计与组织婴幼儿社会性发展活动时，应避免简单生硬的说教，从游戏活动、生活教育以及环境入手，并发挥榜样示范引领作用，以达到促进婴幼儿社会性发展的目的。

课后巩固

课后提升

到幼儿园实地观察小班幼儿的同伴交往行为，完成观察记录。

小班幼儿同伴交往观察记录表

目标行为：同伴良性互动 观察日期： 观察时间： 幼儿姓名： 幼儿年龄： 观察环境：
绘制社交图形：
观察结果分析：

拓展资源

婴幼儿社会行为及人格发展训练游戏

对于婴幼儿来说，游戏不仅可以带来乐趣，还有助于身心健康发展，同时也有利于社会行为和人格的发展。下面和大家分享一下婴幼儿社会行为及人格发展训练的一些游戏。

（1）大家一起玩：家长为宝宝准备玩具（皮球或汽车等），引导宝宝把玩具传给对方。

（2）交换游戏：保教工作者指导家长为宝宝准备一个玩具，家长带着宝宝用自己的玩具和其他小朋友的玩具进行交换，提升宝宝的交往能力。

（3）我们都是好朋友游戏：家长引导宝宝和小朋友手拉手围成圆圈做游戏。

（4）故事《我来帮助你》：保教工作者通过讲故事让小宝宝学会帮助别人，提升交往能力。

（5）小熊做客游戏：保教工作者通过游戏帮助宝宝学习做客礼仪，提升交往沟通能力。

（6）平行游戏：让宝宝学习与他人一起玩耍。针对刚刚学步的宝宝，让他们一起各拉各的学步玩具学走路，能互相模仿、互不侵犯，这样有利于之后的社会交往。

考核评价

评价阶段	评价内容	佐证	教师评价	学生自评	学生互评	平台评测	是否达标（达标√ 未达标 ×）
课前自学	“学堂在线”完成度	平台数据					
	自学自测	完成测试题					
课中实训	访谈提纲设计	能够设计访谈提纲					
	社会性发展清单设计	能够设计社会性发展清单					
	社会性观察记录	会用时间取样法记录					
	社会性观察分析报告	能够撰写分析报告					
	教育建议	能够提出教育建议					
	社会性发展活动设计和组织	能够设计和组织社会性发展活动					
	科学的儿童观、评价观	能够科学评价儿童					
	问题意识、研究意识	能够发现问题，研究问题					
课后巩固	课后提升	平台数据					
	拓展资源	平台数据					

项目六

3～6 岁幼儿日常生活观察、记录与评价

项目概述

幼儿的学习与发展是在日常生活中进行的。托育机构的日常生活，主要包括入园、进餐、喝水、午睡、穿脱衣物鞋袜、盥洗等活动。这些日常行为看似平常，却对幼儿身体、心智、生活习惯以及个性塑造等各方面有着非常重要的意义。因此，做好幼儿日常生活观察、记录与评价，有助于保教工作者了解每个幼儿的表现，及时采取有针对性的教育措施，更好地促进幼儿发展。

本项目重点学习 3～6 岁幼儿日常生活观察、记录与评价的内涵和意义，3～6 岁幼儿日常生活行为观察要点，以及具体实训任务：3～6 岁幼儿进餐行为观察、记录与评价，3～6 岁幼儿如厕行为观察、记录与评价，3～6 岁幼儿午睡行为观察、记录与评价。

学习目标

素质目标

1. 树立科学的儿童观、评价观。
2. 热爱幼儿，具有问题意识、研究意识以及严谨的科学态度。
3. 注重观察的主动性、敏感性、全面性。
4. 爱岗敬业，培养对工作的责任感和使命感。

知识目标

1. 理解 3 ～ 6 岁幼儿日常生活观察、记录与评价的意义。
2. 掌握 3 ～ 6 岁幼儿日常生活行为观察要点。
3. 掌握 3 ～ 6 岁幼儿日常生活行为的影响因素及指导策略。

能力目标

1. 能观察、记录与评价 3 ～ 6 岁幼儿日常生活中的行为表现。
2. 能根据观察记录的幼儿行为问题，提出合理的教育建议。

案例先导

乔伊是个爱哭的小朋友，每天乔伊都会不明原因地哭几次。王老师通过观察发现，乔伊哭的时间多集中于进餐、午睡的时候，有不喜欢吃的饭会哭，吃饭吃得慢会哭，午睡起来穿不上衣服也会哭。原来乔伊哭多数是因为自理能力太差了。那么，该如何培养乔伊的自理能力呢？

课前自学

一、3 ～ 6 岁幼儿日常生活观察、记录与评价概述

（一）幼儿日常生活观察、记录与评价的内涵

学堂在线

幼儿日常生活行为观察概述

幼儿日常生活观察、记录与评价是指评价者依据幼儿日常生活各环节活动的教育目标，运用科学的方法，对幼儿日常生活中的常见活动进行观察、记录与评价，以便及时发现问题，采取相应的教育指导策略。幼儿日常生活观察、记录与评价主要包括对幼儿入园、进餐、喝水、午睡、穿脱衣物鞋袜、盥洗等活动的观察、记录与评价。

（二）幼儿日常生活观察、记录与评价的意义

通过观察、记录与评价幼儿的日常生活情况，了解每个孩子的表现，及时做出相应的分析，采取适宜的措施，并根据各人的个性差异给予不同的指导与帮助，引

导幼儿在游戏中学习生活、学会生活，在生活中学习、成长和发展。

同时，幼儿日常生活的行为中包含着许多有价值的信息，如幼儿的个性、认知等方面的信息可以通过日常生活行为表现出来。而焦虑、压力、饥饿、健康状况不佳、生活不安定、家人生病或死亡等应激事件，都可能在日常生活的行为中有所反映。如对父母离异的幼儿进行日常生活行为观察，会发现相当比例的幼儿出现尿床、口吃等退化行为。

二、3～6 岁幼儿日常生活行为观察要点

（一）了解行为发生的原因

了解行为发生的原因，也就是要了解这些行为为什么发生。行为发生都是有其原因的，可能是幼儿本身的原因，也可能是来自外界的原因。行为发生的原因可能非常明显，也可能非常难以被发现。

例如，“幼儿去小便”这一行为，至少可以从以下几个方面去寻找原因：

（1）幼儿是自己有便意才要求去小便还是在保教工作者的要求下小便的。

（2）保教工作者是否向全班幼儿要求大家都要小便。

（3）幼儿是否因为看到别人去小便才跟着去小便的。

（4）幼儿是否还有其他去小便的原因。

由此可见，幼儿去小便行为的原因有多种，既可能来自自身，也可能来自外在因素，这种因素可能是相当明显的，比如保教工作者要求每个孩子都去小便；也可能并不明显，比如幼儿对正在进行的活动不感兴趣，以去小便为借口逃避活动。

（二）了解行为发生的环境

行为发生的环境应该也是行为发生的原因之一，所以要观察幼儿某种行为发生时周围的环境如何，没有任何事情是可以脱离现实环境而无缘无故发生的。

例如，“幼儿饮水时的环境如何”这一内容，可以注意以下几个方面：

（1）饮水前幼儿所处环境如何，气温是高是低。

（2）周围的设施设备怎么样。

（3）这些设施设备是怎样影响幼儿行为的（可关注幼儿饮水处的环境创设、饮水设备是否安全方便、幼儿饮水所处环境空间的拥挤程度等）。

（4）幼儿附近有什么人（包括对幼儿重要的成人、幼儿的朋友或不喜欢的人），他们在做什么。

从以上分析可以看出，环境既包括设施设备等物质条件，也包括“人”这一重

要因素。

（三）了解幼儿的反应

除了行为发生的原因以外，还需要观察了解幼儿的反应如何。例如，可以从以下几个方面去观察幼儿的反应：

（1）如果该活动是由保教工作者引起的，幼儿的反应如何？是积极参与、勉强接受，还是非常抗拒。

（2）如果活动是由其他幼儿发起的，幼儿有何反应。

（3）如果该活动是由幼儿自己发起的，他是如何做的。

（4）幼儿对该活动是否显现出特殊的表情。

（5）幼儿在活动中是否受他人（保教工作者或小朋友）影响。

（6）幼儿在活动过程中是否认真、是否表现出兴趣。

（7）幼儿是如何完成该活动的，是轻松、忙乱、笨手笨脚的，还是熟练、有技巧的。

（8）幼儿能否胜任该活动，其能力是否符合他的年龄。

自学自测

一、查阅资料

请自主搜索一篇幼儿日常生活行为观察记录，分析保教工作者采用的观察记录方法，并与同学们分享。

二、思维导图

请用思维导图的形式绘制出“幼儿日常生活观察要点”。

思维导图

课中实训

实训目标

1. 能掌握 3 ～ 6 岁幼儿日常生活行为的观察、记录与评价方法。

2. 能对 3 ～ 6 岁幼儿日常生活行为问题进行评价和分析，并撰写观察记录。

3. 能对 3 ～ 6 岁幼儿日常生活行为的常见问题提出合理的指导策略。

实训内容

任务一　3 ～ 6 岁幼儿进餐行为观察、记录与评价

任务二　3 ～ 6 岁幼儿如厕行为观察、记录与评价

任务三　3 ～ 6 岁幼儿午睡行为观察、记录与评价

实训条件

幼儿日常生活行为观察、记录与评价的实施条件

名称	实施条件	要求
实训环境	理实一体化教室	校园网无线 Wi-Fi，可在线观看网络资源
物品准备	1. 签字笔；2. 记录本（活页）；3. 问卷样表；4. 手机或平板电脑等录音录像设备	活动材料充足
知识准备	1. 具备评价幼儿日常生活行为的相关知识和操作技能；2. 具备幼儿日常生活行为指导活动的知识与技能	理解记忆相关知识点

实训步骤

1. 回顾幼儿日常生活行为观察的内容与要点。

2. 选择合适的观察记录方法观察幼儿日常生活行为表现，并撰写观察记录。

3. 根据幼儿日常生活行为表现发现问题，分析行为问题的影响因素，完成分析报告。

4. 根据分析报告，提出幼儿日常生活行为的指导策略。

任务一　3～6岁幼儿进餐行为观察、记录与评价

情境导入

某托育园园长给老师们布置了一项任务，要求每位老师了解一下本班孩子的进餐情况。如果你是托育园老师，你会如何开展调查呢？

思考答疑

1. 你会从幼儿进餐的哪些方面进行调查？

2. 请自主搜索幼儿进餐行为的观察记录表。

知识点拨

幼儿进餐行为观察要点

进餐活动是一日活动中非常重要的一个环节，它是幼儿健康、和谐、全面发展的基础和保障。在托育机构，除了午餐以外，还有介于早餐和午餐之间，以及午餐和晚餐之间的点心时间。所以，进餐活动不仅是指午餐，也应包括点心。另外有一些幼儿也会在托育机构吃早餐和晚餐。幼儿的进餐行为，是我们经常会进行观察的一个方面，因为进餐行为不仅影响到幼儿的身体健康和正常发展，还往往和他们是否有压力和焦虑密切相关。一般认为，亲子关系良好的幼儿，其进餐也比较正常；反之，如果孩子等候食物时不耐烦，或拿取太多食物而自己并不能吃完，或无法与其他孩子共享进餐时的欢乐，就表示这个幼儿有可能有较大的压力。

幼儿进餐技能的养成是一个动态过程，是行为上的一种经过学习而获得的技能。进餐技能的养成存在个体差异，与个体发育水平和教育有关。因此，培养良好的进餐习惯是托育机构生活教育的重要内容之一。

幼儿进餐行为观察包括以下几方面：

一、进餐环境

（1）幼儿是否能自行决定所要选取的食物；

（2）环境是安静、轻松，还是嘈杂、忙乱；

（3）食物分量是否充足，是否能根据需要多取食一点。

二、幼儿对进食的反应

（1）幼儿对食物接受 / 期盼 / 挑剔 / 抗拒；

（2）幼儿进食时严肃 / 很轻松；

（3）幼儿走向餐桌时害怕 / 热切 / 积极 / 胆怯。

三、幼儿的食量

（1）非常少；

（2）非常多；

（3）不吃肉或者某种或某类食物；

（4）吃很多肉；

（5）不吃蔬菜或某种蔬菜；

（6）总是吃不够；

（7）和他人相比较多。

四、幼儿吃东西的态度

（1）是否边吃边玩；

（2）是否扔掉不想吃的食物；

（3）是否将食物弄得一塌糊涂；

（4）是否将食物含在口中不咀嚼、不下咽；

（5）是否担心吃不够，是否藏匿食物；

（6）是否要求老师喂饭；

（7）在餐桌上是安逸，还是躁动、紧张、哭泣；

（8）进餐中途是否会离开座位。

五、进餐时社交情况

（1）是否社交，频率高低如何；

（2）与谁交谈；

（3）除了与人交谈外，还会用什么方法与同伴接触；

（4）是否觉得社交比进食更有趣；

（5）是否能兼顾社交与进食；

（6）是否只和老师、特殊的朋友社交，或不和任何人说话。

六、幼儿对食物的兴趣

（1）是否特别喜欢或不喜欢什么食物；

（2）对食物有何评论；

（3）进食的速度如何（快或慢）。

七、进餐的过程

（1）整个过程的程序如何；

（2）幼儿做了或说了什么；

（3）成人做了或说了什么。

八、进餐后的行为

（1）如何离开座位：

1）热切地说话；

2）噘着嘴；

3）不声不响；

4）流着泪；

5）轻松推回椅子；

6）敲着桌子。

（2）随后做了什么：

1）绕着桌子跑；

2）站着说话；

3）站着等候老师；

4）拿书或玩具；

5）上厕所；

6）帮忙整理餐桌。

实践演练

1. 请根据“幼儿进餐行为观察要点”拟定一份行为检核表。

幼儿进餐行为观察、记录与评价表

班级：____________　　班级幼儿人数：____________　　填表时间：____________

项目	内容	幼儿表现（人次）				备注
		☺	√	△	×	
进餐前						

续表

项目	内容	幼儿表现（人次）				备注
		☺	√	△	×	
进餐时						
进餐后						
情况分析及改进措施						

填表说明：☺做得非常好　√基本能做到　△在成人或者同伴提醒下能做到　×做不到

2. 以下是托育老师对晓哲的午餐行为的观察记录，从记录中你可以得出什么结论？

幼儿午餐行为观察记录

幼儿姓名：晓哲　　年龄：3.5岁　　午餐：√　　点心：　　记录人：

观察次数	观察时间	自发行为					他发行为					他发反应						特殊行为记录
		吃完	进食	拒绝进食	转移	其他	被鼓励	被询问	被请求	被命令	其他	吃完	进食	拒绝进食	以沉默回答	提出请求	其他	
1	周一			√			√	√						√	√			哭
2	周二			√			√			√				√		√		哭
3	周三			√			√		√					√		√		哭
4	周四			√			√	√						√		√		哭
5	周五			√			√			√				√		√		哭
结果：吃完______　进食______　拒绝进食__√__																		

注：会哭着请求保育员或老师喂饭，不挑食，可以都吃完。

观察结论：

3. 尝试用访谈法对晓哲的家长进行调查，全面了解晓哲这一行为的原因。请列出访谈提纲（至少 3 个问题）。

1.

2.

3.

4. 以下是托育老师的访谈和观察记录，通过记录尝试分析晓哲行为问题的原因。

与家人沟通，发现晓哲 1 岁左右时曾主动抢夺喂食者手中的餐具和用手抓食，但家人觉得孩子自己吃饭太慢，而且会弄脏衣服和环境，就不顾晓哲自己主动进食的意愿和哭闹而选择代劳，等到晓哲快 3 岁时家人要求晓哲学习自己吃饭，他就会拒食和哭闹，家人只好妥协喂饭，故入园较晚。

进一步观察发现，除吃饭时间外，晓哲在园大部分时间比较愉快，与其他幼儿互动较好，如厕、穿脱衣物都可自理，穿珠、折纸等游戏也能基本完成。

评价分析：

5. 请提出几点改进晓哲进餐问题的指导策略。

知识点拨

一、幼儿进餐行为常见问题：挑食、偏食

幼儿挑食是指对饮食挑剔，不吃某种或某些食物，或仅吃几种自己喜欢或习惯的食物。挑食是一种不好的饮食习惯，可引起幼儿营养不均衡，影响幼儿的生长发育。数据统计显示，目前中国有40%～60%的幼儿存在挑食偏食问题，多发于3～12岁的儿童。

幼儿挑食并不难判断，重要的是要通过行为观察和交流，发现挑食的原因，结合幼儿的年龄特点和自身特点有针对性地进行指导。

二、幼儿挑食、偏食的原因

（一）幼儿原因

（1）幼儿不良的饮食习惯。喜欢的就多吃，不喜欢的就不吃，饮食过于单一。

（2）幼儿对食物味道、口感、性状不适应。比如有的孩子不吃木耳是因为觉得黑色很脏；有的食物带有一定气味，如鱼、香菇、香菜等，幼儿对此不适应；有的食物需要用力咀嚼，如芹菜等含膳食纤维比较多的食物。这些都是造成幼儿挑食、偏食的原因。

（二）家庭原因

（1）家长自身不良的饮食习惯。家长对饮食的挑剔也容易造成孩子偏食、挑食，比如有的家长盲目减肥的行为会造成幼儿不爱吃肉类和主食。

（2）家长纠正孩子偏食、厌食习惯过于心急，态度和行为也会影响孩子。家长强迫孩子进食、提示孩子吃某种食物、因孩子吃饭不好发脾气甚至体罚，这些行为都可造成孩子就餐时情绪紧张，加重对食物的恐惧与厌恶。

（三）其他因素

（1）有挑食或偏食行为的幼儿也容易影响其他幼儿。

（2）吃饭时受到家长或老师的训斥。

（3）某些应激事件，如受伤、父母离异或突然的精神刺激等。

三、幼儿挑食、偏食行为指导策略

（一）帮助幼儿养成良好的饮食习惯

帮助幼儿养成定时、定量吃饭的习惯，少吃零食、甜食，少喝饮料。

（二）注意食物的巧妙搭配

经常变换菜谱，改换烹调方法，注意食物的色、香、味，诱发幼儿对不爱吃食物的食欲。如果幼儿不爱吃肉和蔬菜，可将肉和蔬菜做成馅，包成包子、饺子等，这样既能为幼儿身体补充均衡的营养，有益于幼儿的生长发育，又能防止幼儿挑食。

（三）健康教育，提高认知

对于不爱吃某种食物的孩子，可以通过讲故事、讲绘本等活动进行健康教育，提高幼儿对营养的认识来纠正挑食、偏食。

（四）在语言上诱导鼓励

照护者可以说不挑食长得高、跳得高、力气大或是聪明、漂亮，或者可以用幼儿喜欢的童话或者动画形象来鼓励诱导，如某个小朋友喜欢小猪佩奇，就可以用小猪佩奇不挑食的特点来引导幼儿，并对挑食有改善的幼儿及时提出适当的表扬和鼓励。

（五）为幼儿树立良好榜样

父母是幼儿模仿的主要对象。父母应保持良好的饮食习惯，不要在幼儿面前挑剔食物或对食物有负面评价。

（六）对受应激事件影响的幼儿进行心理疏导

对应激事件引起的挑食进行疏导，同时争取家园配合，消除不良因素。

（七）注意引导时机和方式

学堂在线

绘本《我绝对绝对不吃番茄》

用冷嘲热讽或强制或粗暴的手段逼幼儿吃东西，会使他产生逆反心理。因为不愉快情绪不仅会降低食欲、影响消化，而且会让幼儿产生对立情绪或恐惧心理，这种强制进食往往会加重幼儿挑食。因此，在纠正幼儿的挑食行为时，一定要把握合适的时机和方式方法，切忌操之过急。

总结提升

进餐行为是幼儿健康、和谐、全面发展的基础和保障，也是一日生活常规活动的重要环节。开展幼儿进餐行为观察、记录与评价活动有助于成人全面了解幼儿的进餐情况，解决幼儿的进餐问题，以幼儿为本，引导幼儿养成良好的进餐习惯。

任务二 3～6岁幼儿如厕行为观察、记录与评价

情境导入

一朵，女，3岁半，入园两周，入园前可以自己在家里使用卡通马桶大小便，入园后每天都会尿湿裤子一到两次，还有一次大便拉到裤子里。

思考答疑

1. 请尝试分析引起一朵这种行为的可能因素。

2. 如果你是托育老师，你会从幼儿如厕的哪些方面进行调查呢？

知识点拨

幼儿如厕行为观察要点

幼儿如厕训练是幼儿成长过程中的一项重要行为训练活动。如厕训练不仅可以让幼儿学会独立上厕所，有助于养成良好的卫生习惯、生活习惯，也有助于幼儿自信心、独立性的建立。幼儿如厕行为的观察要点包括以下几方面。

一、刺激因素

（1）幼儿自身的需求；

（2）托育老师要求；

（3）模仿别人；

（4）来自群体活动；

（5）尿湿裤子；

（6）逃避某些事。

二、幼儿的反应如何

（1）有明显需求，但拒绝接受托育机构马桶；

（2）不愿与大家一起上厕所；

（3）高高兴兴/心不在焉/匆促/轻松地去。

三、是否有紧张或恐惧的现象

（1）身体僵直；

（2）抓生殖器；

（3）哭泣。

四、幼儿如厕的过程

（1）轻松；

（2）严肃。

五、是否能自理

（1）利落；

（2）笨拙；

（3）快速；

（4）缓慢。

六、其他情况

（1）是否很随意 / 特别有礼貌 / 露出身体；

（2）是否显出了性别差异 / 是否显出对两性差异或类似方面的兴趣；

（3）与其他幼儿的互动情况；

（4）是否以口头或行动显示额外的性知识。

实践演练

1. 请根据“幼儿如厕行为观察要点”拟定一份行为检核表。

幼儿如厕行为观察、记录与评价表

班级：__________　　班级幼儿人数：__________　　填表时间：__________

项目	内容	幼儿表现（人次）				备注
		☺	√	△	×	
如厕前						
如厕时						

续表

项目	内容	幼儿表现（人次）				备注
		☺	√	△	×	
如厕后						
情况分析及改进措施						

填表说明：☺ 做得非常好　√基本能做到　△在成人或者同伴提醒下能做到　× 做不到

2. 以下是托育老师对一朵如厕行为的观察记录，阅读记录然后回答问题。

8:30，我让小朋友排队去卫生间小便，然后去喝水，一朵随着队伍缓缓进入卫生间，很快就出来了。

我问她："一朵，你尿尿了吗？"她小声说："我要去喝水！"说完很快地跑开了。

9:20，我再次让小朋友排队去卫生间小便，一朵随着队伍缓缓进入卫生间，她在便池旁站了一会儿，没有解衣小便，又随其他幼儿走出卫生间。我问她："一朵，你为什么不尿尿？""我没有尿。"她小声说，说着又要走。我拉住她的手说："喝那么多水怎么会没有尿？我来帮你好不好？"一朵挣脱了我的手，眼圈红了："我不要尿尿！我没有尿！这里有细菌……"

见一朵哭了，我没有再坚持。

10:05，一朵在椅子上来回扭动身体，满脸通红，我走到她旁边小声问她："一朵，你是不是要小便？"

她没有说话，小声地哭了。我把她从椅子上抱起，发现她的裤子已经湿了。我帮她换了裤子，一朵一直小声哭泣。

回答：

（1）托育老师采用的是什么观察记录方法？

（2）从记录中你可以得出什么结论？

观察记录方法：

观察结论：

课中实训

3. 尝试用访谈法对一朵的家长进行调查，全面了解一朵这一行为的原因。请列出访谈提纲（至少 3 个问题）。

1.

2.

3.

4. 以下是托育老师的访谈记录，通过记录尝试分析一朵如厕行为问题的原因。

从一朵妈妈那里了解到：一朵上托育园之前日常是由爷爷奶奶照料的，一朵奶奶是退休护士，对清洁要求较高，经常会嫌弃外边的环境不干净、有细菌等，所以一朵很少在外边吃东西，大小便基本不在外面的厕所解决。

评价分析：

5. 请提出几点改进一朵如厕行为问题的指导策略。

知识点拨

一、幼儿如厕常见问题原因分析

（1）入园之前缺乏排便训练，幼儿自理能力差。

（2）午睡前喝水太多，午睡容易尿床。

（3）玩得太专注或太兴奋，忘了尿尿。

（4）幼儿受到惊吓。

（5）幼儿刚入园时，会对新环境产生陌生和惧怕感，不敢向老师表达自己的需求，容易造成憋尿或尿频的情况。

学堂在线

绘本《憋不住了》

（6）幼儿对幼儿园如厕环境或设施不适应。

（7）泌尿系统感染，有某些遗传性疾病或畸形，患有神经系统疾病等，例如，幼儿发生尿路感染时可能会因尿频、尿急而尿湿裤子。

（8）内裤太紧，使幼儿受到刺激，导致排尿感改变。

二、幼儿如厕行为指导策略

（1）家长平时要训练孩子使用厕所，帮助孩子形成有规律的大便习惯，养成便后洗手的习惯。

（2）保教工作者要向幼儿家长详细询问幼儿的如厕习惯。为让幼儿适应集体生活，保教工作者要耐心指导，及时提醒幼儿排便，不可硬性规定和限制时间。在此基础上，再逐步培养幼儿良好的排便习惯。

（3）要创设良好的环境。厕所是幼儿园必要的设施之一，在明亮清洁的厕所里，幼儿心情愉快，有利于排便。

（4）幼儿如厕时也受保教工作者的情绪、态度、语言等的影响。如幼儿便污了裤子，要注意安抚幼儿，消除幼儿的紧张感，增强他（她）的自信心和安全感，不能责备或嘲讽幼儿。

（5）为使保教工作者重视和正确看待幼儿如厕这一环节，保教工作者应增强保育意识，更新保育观念。保育不仅是照顾好幼儿的身体，还要注重幼儿心理及个性的发展。

（6）幼儿在厕所内逗留问题。有时幼儿在里面打闹、玩耍，有时幼儿感兴趣的则是管道设备，喜欢看排水冲便，保教工作者不妨给幼儿讲讲原理，不要压制其求知欲；有时幼儿在厕所交谈，是因为这里没有人“监视”，可以自由交往，随心所欲，保教工作者不妨思考一下，今后为幼儿提供和创造更多的自由活动机会和时间，以减少此类情况的发生。

总结提升

幼儿如厕训练是幼儿成长过程中的一项重要行为训练活动。如厕训练不仅可以让幼儿学会独立上厕所，有助于养成良好的卫生习惯、生活习惯，同时也有助于幼儿自信心、独立性的建立。开展幼儿如厕行为观察、记录与评价活动有助于成人全面了解幼儿的如厕情况，解决幼儿的如厕问题，灵活采取有针对性的教育策略，以达到培养幼儿良好生活习惯的目的。

任务三　3～6 岁幼儿午睡行为观察、记录与评价

情境导入

4 岁的大齐是个精力旺盛的小男孩，每天好像都有使不完的力气。但是大齐的午睡问题让老师十分头疼。每次睡前他不是要喝水就是要小便，要不就是逗逗邻床的小朋友。老师不得不把他的小床单独放在一边，实在没办法就只好把他带到保育老师那里。

思考答疑

1. 请尝试分析大齐这种行为的可能因素。

2. 如果你是托育园老师，你会从幼儿午睡的哪些方面进行调查呢？

知识点拨

幼儿午睡行为观察要点

睡眠是幼儿一日生活中的重要环节，睡眠的好坏直接影响着幼儿的生长发育、身体健康、学习状况。根据幼儿的生理特点，在幼儿园一日活动中，在长时间的学习游戏过程中，安排适当的午睡时间是非常必要的。幼儿午睡行为观察要点包括以下几方面。

一、幼儿如何入睡

（1）自动睡下或者遵从要求；

（2）保教工作者是否认定幼儿已疲倦；

（3）午睡是否紧接在午餐后；

（4）幼儿是否了解自己被期许有什么表现。

二、幼儿的反应如何

（1）接受：无所谓/高兴；

（2）抵制：闲荡/说话/不回应/经常要求上厕所/经常要求喝水；

（3）抗拒：哭泣/绕着屋子跑/跑到屋外。

三、幼儿是否需要成人的特别照应

拍/靠近坐/带到其他房间。

四、休息时是否有紧张的迹象

（1）肢体的紧张：活动量大/躁动；

（2）抚慰性的动作：吸吮手指/拉耳朵；

（3）寄托于其他对象：娃娃/动物手帕/毯子/枕头/其他；

（4）经常找借口离开小床。

五、幼儿肢体上显现出哪些需要休息的症候

（1）是否有疲倦的迹象：打哈欠/红眼睛/心情不愉快/经常跌倒；

（2）幼儿是否需要把玩物件：书/娃娃等；

（3）幼儿如果不睡，是否看起来很放松。

六、休息时间，幼儿对群体的反应如何

（1）躁动与不安：叫嚷/大声唱歌/乱窜/吵别人；

（2）是否有任何交际活动：跟邻近小朋友交谈/打手势；

（3）是否查知其他幼儿的需求：轻声低语/悄声走路。

七、午睡如何结束

（1）幼儿如何醒来：笑着/啜泣着/哭着/疲累地/清醒地；

（2）幼儿醒来时做什么：安静地躺着/叫老师/冲向卫生间/开始玩。

实践演练

1.请根据“幼儿午睡行为观察要点”拟定一份行为检核表。

幼儿午睡行为观察、记录与评价表

班级：__________　班级幼儿人数：__________　填表时间：__________

项目	内容	幼儿表现（人次）				备注
		☺	√	△	×	
午睡前						

续表

项目	内容	幼儿表现（人次）				备注
		☺	√	△	×	
午睡时						
午睡后						
情况分析及改进措施						

填表说明：☺ 做得非常好　√基本能做到　△在成人或者同伴提醒下能做到　× 做不到

2. 以下是托育老师对大齐午睡行为的观察记录，根据记录回答问题。

幼儿午睡行为观察记录

姓名：<u>大齐</u>　　性别：<u>男</u>　　实足年龄：4 岁 <u>3</u> 个月　　检核日期：<u>2022.10.11</u>

一、动机						
表现行为	一	二	三	四	五	备注
1. 主动休息						
2. 经老师提醒后休息	√	√	√	√	√	
二、就寝前反应						
表现行为	一	二	三	四	五	备注
1. 要求上厕所	√			√	√	
2. 要求喝水		√	√			
3. 与他人嬉戏	√	√	√	√	√	
4. 延后进寝室	√	√	√	√	√	
5. 打枕头仗						
6. 哭闹不停						
7. 到处乱跑						

续表

8. 跑出寝室						
9. 看大家休息于是去休息	√	√	√	√	√	
10. 其他						
三、就寝中的行为问题						
表现行为	一	二	三	四	五	备注
1. 生病或需要老师特别照顾（如哮喘、过敏等）						
2. 过度敏感、不停翻身	√	√	√	√	√	
3. 习惯性地吮吸或咬手指						
4. 须有特殊的睡眠附件（如手帕、玩具等）						
5. 不停地找借口离开床位	√	√		√	√	
6. 与旁边幼儿说话或打手势	√	√	√	√	√	
7. 坚持不肯午睡						
8. 说梦话（或做噩梦）						
9. 没睡着	√	√	√	√	√	
10. 中途起床	√	√	√	√	√	
11. 其他						
四、就寝后反应						
表现行为	一	二	三	四	五	备注
1. 有精神地醒来						
2. 还想继续睡						
3. 静静地躺着						
4. 叫老师						
5. 叫其他幼儿起床						
6. 上厕所						
7. 与别人交流						
8. 开始玩						
9. 其他						

回答：

（1）托育老师采用的是什么观察记录方法？

（2）从记录中你可以得出什么结论？

观察记录方法：

观察结论：

3. 尝试用访谈法对大齐的家长进行调查，全面了解大齐这一行为的原因。请列出访谈提纲（至少 3 个问题）。

1.

2.

3.

4. 以下是托育老师的访谈记录，通过记录尝试分析大齐午睡行为问题的原因。

通过与家人交流发现大齐在家时就没有午睡的习惯，晚上睡觉比较晚，也没有固定的时间，通常是玩累了再睡。大齐身高 85.5 厘米，体重 11.5 千克，身高和体重都略低于该年龄阶段平均值。大齐食欲也不太好，爱走神，还经常发脾气。

评价分析：

5. 请提出几点改进大齐午睠行为问题的指导策略。

知识点拨

一、幼儿午睡的常见影响因素

（1）幼儿的高级神经活动抑制功能不够完善，易兴奋。一点点外来刺激都能分散他们的注意力而造成入睡困难。有的幼儿可以玩着一个小玩具、一张纸或一块小石头而一中午不睡觉。

（2）幼儿在家的时候生活不规律，没有养成午睡的习惯。

（3）睡前做剧烈活动或饮食不合理（如午餐吃得过饱）。

（4）对某些事情的焦虑和恐惧也会影响幼儿的睡眠，如受到老师的批评、同伴的排斥，或者父母的争吵、离异等。

（5）睡眠环境光线太强或有噪声都会影响幼儿的睡眠。

二、幼儿午睡行为指导策略

（1）睡前，保教工作者帮助幼儿保持安定的情绪，午餐后，可以散步10分钟，或者引导幼儿讲故事、看图书，帮助幼儿心情稳定下来，不要安排使幼儿兴奋的活动。

（2）午睡前10分钟要提醒幼儿大小便，以消除生理上对午睡的干扰。

（3）营造宁静温馨的午睡环境，可以拉下遮光的窗帘，不让光线过亮，适当播放些轻柔的摇篮曲，提醒幼儿不要说话。不易入睡的幼儿，可以把他安排在保教工作者身边，时刻关注。

（4）对一些午睡困难的幼儿，保教工作者在安抚这些幼儿午睡时，要尽量多地陪护他们，时刻关注他们的动态，让幼儿对陌生环境不再害怕。

（5）对需要一些“安慰物”（如小玩具、小毯子）等才肯入睡的幼儿，不要强行夺走其“安慰物”，否则会加重幼儿的紧张情绪，要让幼儿建立起安全感，慢慢引导其脱离对“安慰物”的依赖，养成幼儿健康的午睡习惯。

（6）家园密切配合，家庭周末、节假日的作息时间要与幼儿园保持一致，帮助幼儿建立规律的生物钟。

（7）消除幼儿的紧张焦虑情绪，发现问题及时解决疏导。家长要营造温馨安定的家庭氛围；保教工作者教育幼儿时要注意方式方法，不要让幼儿产生不良情绪，同时要关注幼儿之间的交往，使幼儿保持健康的心理状态。

值得注意的是，个别幼儿大脑发育较为成熟，他们不再需要像小宝宝那样，必须通过一天多次的睡眠来缓解大脑疲劳、控制情绪。如果一个幼儿已经习惯了不睡午觉，还精神很好、情绪愉快、食欲和生长发育也不受影响，那么很可能表示他的大脑神经已经发育得比较成熟，进入和成人一样的睡眠模式。对这样的幼儿不要强制午睡，因为硬性给幼儿规定一个午睡时间，而他又睡不着，对幼儿来说就等同于长时间的限制性活动。这样长时间的静止不仅不能让幼儿得到休息，反而还可能会让幼儿觉得有压力，可以引导他们做一些安静的不打扰其他幼儿的活动，如读书、画画等。

总结提升

良好的睡眠有助于幼儿的体格、智力发育，促进幼儿健康成长。幼儿身心尚未成熟，不能自我调整睡眠的习惯，需要成人的正确引导。开展幼儿睡眠行为观察、记录与评价活动有助于保教工作者全面了解幼儿的睡眠情况，包括幼儿正确睡姿指导、睡眠精神状态评估等，从而帮助幼儿养成良好的生活习惯。

课后巩固

课后提升

到托育机构实地观察幼儿的进餐、如厕、午睡行为，完成观察记录。

拓展资源

日常生活教育对孩子的重要性

玛丽亚·蒙台梭利博士 1946 年在伦敦的讲座中说道：她要洗自己的小桌子，擦窗户，在饭桌上为我们倒水、舀汤、把食物盛进盘中。她想要把袜子排序、擦亮皮鞋、打扫露台……有时她要在同一个地方擦拭数十次，有时洗地板的时间比实际需要的时间还长。但当她看到自己打扫干净的露台，能够带给她的乐趣是很多的。利用一切机会让孩子做想做的事情，才不失为明智之举。

或许有人会认为做这些是在浪费时间，这些时间应该用来阅读或练习算数啊！为什么要让孩子们忙于一些课堂之外的琐事呢？事实上，没有其他工作比日常生活教育对幼儿肢体、精神、心智以及道德的发展更为重要。因为孩子借由日常生活的活动创造自己、改善自己，使自己趋向于完美。

日常生活教育包含哪些内容？按照由简到难的基本原则，日常生活教育包括：生活礼仪、动作协调、照顾自己、照顾环境、食物准备。

一、日常生活教育之生活礼仪

生活礼仪是社会行为的基本要求，要引导孩子将生活礼仪运用于日常生活中，如打招呼、开关门、坐下、站立、感谢和道歉、咳嗽、打喷嚏、打哈欠、喝水、用餐、洗手间的使用方法、参与和观看别人工作、适当地打断别人说话、拿取危险物品等，这些都是学习的范围。

二、日常生活教育之动作协调

孩子时常使用一些笨拙、粗鲁的动作，破坏了身体的协调。可以通过抓、倒、挤、舀、敲、夹、转、剪、刺等动作的训练，帮助孩子切实做好每个动作，再配合感官的运用与互助，达到动作协调。

三、日常生活教育之照顾自己

通过各种训练，帮助孩子脱离对成人的依赖，迈向独立。我们需顺应孩子的节奏，不厌其烦地示范正确的动作，使孩子经过练习达到自我教育的成果。孩子必须先学会自我照顾，我们可以引导他们使用衣饰框、刷牙、洗脸、梳头、洗头、剪指甲、穿脱衣服、穿脱鞋子、洗衣物等，以此培养他们照顾自己的能力。经过不断的练习、修正后，孩子的动作就会更加协调和正确。

四、日常生活教育之照顾环境

如果教室里有任何不妥之处，孩子们就有工作可做了！桌子上有污点，可以进行刷洗；地上有水，可用抹布擦拭。应尽可能地协助孩子，使他们能独立完成每一个动作和细节，让他们与环境产生亲密的关系，这种关系对孩子的人格养成是相当重要的。因此，我们可以为孩子安排除尘、扫地、擦桌子、擦镜子、插花等工作，帮助孩子在真实世界中重整秩序。

五、日常生活教育之食物准备

可组织一些食物预备活动，比如切苹果、削黄瓜、剥花生、涂果酱等，让孩子通过实际的操作增强肢体控制的能力，进而肯定自我。

考核评价

评价阶段	评价内容	佐证	教师评价	学生自评	学生互评	平台评测	是否达标（达标√ 未达标 ×）
课前自学	“学堂在线”完成度	平台数据					
	自学自测	完成测试题					
课中实训	访谈提纲设计	能够设计访谈提纲					
	幼儿日常生活行为检核清单设计	能够设计幼儿日常生活行为检核清单					
	幼儿日常生活行为观察记录	会用观察记录法记录					
	幼儿日常生活行为观察分析报告	能够撰写分析报告					
	幼儿日常生活行为指导策略	能够提出指导策略					
	生活行为发展活动设计和组织	能够设计和组织生活行为发展活动					
	科学的儿童观、评价观	能够科学评价儿童					
	问题意识、研究意识	能够发现问题，研究问题					
课后巩固	课后提升	平台数据					
	拓展资源	平台数据					

项目七

3～6岁幼儿学习与发展观察、记录与评价

项目概述

观察和了解3～6岁幼儿是进行幼儿教育的基础和前提。满足全体及个别幼儿的兴趣需要与学习需求不仅是保教工作者的任务和职责，更是全面提高科学保教水平的关键所在。《3～6岁儿童学习与发展指南》分别对3～4岁、4～5岁、5～6岁三个年龄段末期幼儿应该知道什么、能做什么、大致可以达到什么发展水平提出了合理期望，为幼儿教师科学开展保育教育工作指明了方向。

本项目重点学习《3～6岁儿童学习与发展指南》的结构与内涵、领域与目标，以及3～6岁幼儿五大领域行为观察、记录与评价。

学习目标

素质目标

1. 树立科学的儿童观、评价观。
2. 培养对幼儿的爱心、耐心、细心和责任心。
3. 注重观察的主动性、敏感性、全面性。
4. 爱岗敬业，培养对工作的责任感和使命感。

知识目标

1. 了解《3～6岁儿童学习与发展指南》的结构与内涵。

2. 了解《3～6岁儿童学习与发展指南》的领域与目标。

能力目标

掌握3～6岁幼儿健康领域行为、语言领域行为、社会领域行为、科学领域行为、艺术领域行为的观察、记录与评价。

案例先导

妈妈带着5岁的佳佳在沙滩上玩沙雕。当佳佳玩得高兴时，身旁走来一个男孩，踢倒了佳佳刚刚搭起的房子，佳佳哇哇大哭。妈妈见状指着男孩说："你这个孩子怎么这么顽皮！"边说边带着佳佳离开了。

你觉得案例中哪些是观察，哪些是评价？

课前自学

一、《3～6岁儿童学习与发展指南》的结构与内涵

（一）《3～6岁儿童学习与发展指南》的结构

《3～6岁儿童学习与发展指南》（以下简称《指南》）从五个领域描述幼儿学习与发展，分别是健康、语言、社会、科学、艺术。如图6-1所示。

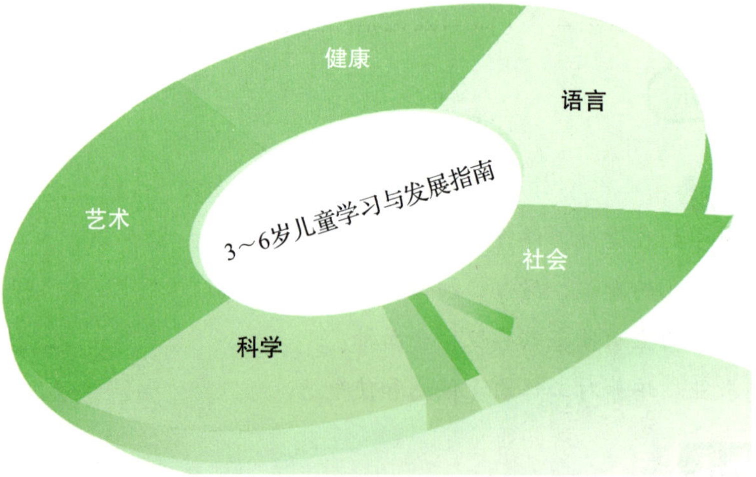

图6-1 《3～6岁儿童学习与发展指南》的五个领域

每个领域按照幼儿学习与发展最基本、最重要的内容划分为若干方面。每个方面分为两个部分：一是学习与发展目标，分别对3～4岁、4～5岁、5～6岁三个年龄段末期幼儿应该知道什么、能做什么、大致可以达到什么发展水平提出了合理期望，共32个目标。二是教育建议，根据幼儿的学习与发展目标，针对当前学前教育普遍存在的困惑和误区，列举了一些能够有效帮助和促进幼儿学习与发展的教育途径与方法，同时也指出了错误做法对幼儿终身发展的危害，为广大家长和保教工作者提供了具体、可操作的指导，共87条教育建议。如图6－2所示。

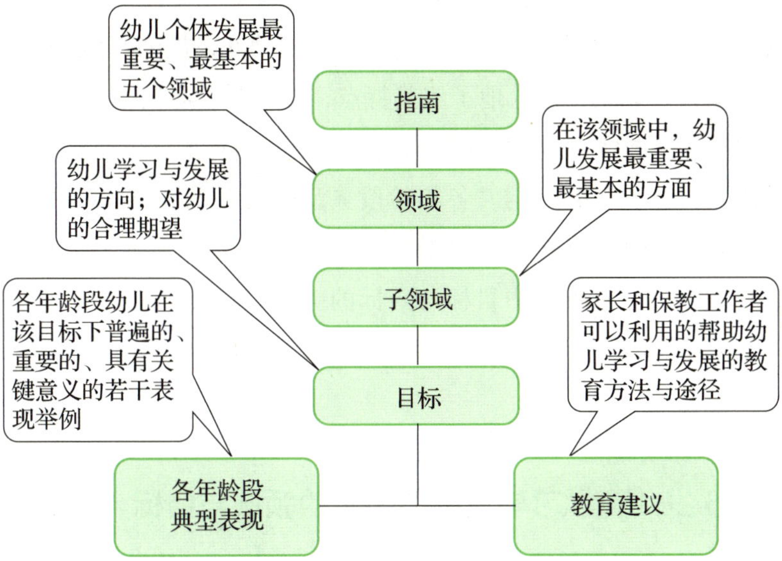

图6－2　《3～6岁儿童学习与发展指南》的结构

（二）《3～6岁儿童学习与发展指南》的内涵

1. 为什么叫"学习与发展指南"

要把儿童的发展看作是一个学习的过程，学习和发展都是主体的变化过程。"所谓发展，当指认知结构的建构，也就是广义的学习。"学习既受发展制约，又推动发展；发展既是学习的基础，又是学习的过程与结果，学习与发展关系密切，二者难以截然分开。《指南》既引导幼儿的学习，同时也引导幼儿通过学习达到发展的结果，是幼儿学习与发展共同的目标导向。儿童的发展是一个通过学习逐步累积的渐变的过程，千万不要把它看作是静态的终极结果。《指南》既引导学习的过程，也引导发展的过程。

2. 正确理解《3～6岁儿童学习与发展指南》的目标

李季湄教授指出，目标是《指南》导向最主要的方式。目标是教育价值与理念的指引：体现《指南》的理念；体现各领域核心价值；指引教育者走出当前教育实践中对幼儿学习发展认识上的误区。

《指南》目标下的“各年龄段典型表现”选择了各年龄段幼儿在目标方面比较常见的、易被观察到的一般性表现，是大多数幼儿可能表现出来的比较重要的甚至是具有关键意义的若干表现，因此，它在一定程度上反映了各年龄段幼儿群体大致的发展趋势、发展水平、发展速度和行为特点。

“典型表现”不是说百分之百会出现，不宜视为各年龄段每一个幼儿在发展中必然表现出的特点。“各年龄段典型表现”是观察、了解幼儿的“参照”，帮助保教工作者与家长了解和把握幼儿在目标方面的发展状况。如果幼儿的行为特点或能力表现与《指南》“不完全一致”，不能简单、轻率地对幼儿发展的好坏下判断，应进一步细致地观察幼儿的表现，深入地了解其特点，看看是否有其他个性化表现。如果幼儿有自己的特点，即使《指南》中没有列出，也应当尊重“个别差异”。

要正确理解《指南》目标与“各年龄段典型表现”的关系。《指南》不是“量表”，不是用来筛选幼儿的工具。《指南》目标与“各年龄段典型表现”的关系不同于一般“量表”或“标准”中目标与指标的关系。目标不是“准则”，而是方向指引。“各年龄段典型表现”不是标尺，不是目标的分解或细化，而是了解幼儿的参照。

二、《3～6岁儿童学习与发展指南》的领域与目标

为深入贯彻《国家中长期教育改革和发展规划纲要（2010—2020年）》和《国务院关于当前发展学前教育的若干意见》（国发〔2010〕41号），指导幼儿园和家庭实施科学的保育和教育，促进幼儿身心全面和谐发展，相关部门制定了《指南》。

学堂在线

3～6岁儿童学习与发展指南

《指南》以为幼儿后继学习和终身发展奠定良好素质基础为目标，以促进幼儿体、智、德、美各方面的协调发展为核心，通过提出3～6岁各年龄段儿童学习与发展目标和相应的教育建议，帮助幼儿园教师和家长了解3～6岁幼儿学习与发展的基本规律和特点，建立对幼儿发展的合理期望，实施科学的保育和教育，让幼儿度过快乐而有意义的童年。

自学自测

一、填空题

1.《3～6岁儿童学习与发展指南》从五个领域描述幼儿学习与发展，分别是（　　　　）、（　　　　）、（　　　　）、（　　　　）、（　　　　）。

2.《3～6岁儿童学习与发展指南》每个领域按照幼儿学习与发展最基本、最重要的内容划分为若干方面，每个方面分为两个部分：一是（　　　　）；二是（　　　　）。

二、思维导图

绘制《3～6岁儿童学习与发展指南》领域与目标思维导图。

思维导图

课中实训

实训目标

1. 能掌握幼儿五大领域发展的观察、记录与评价方法。

2. 能对幼儿五大领域发展进行评价和分析。

3. 根据分析报告，提出促进幼儿五大领域发展的合理建议。

实训内容

任务一　3 ～ 6 岁幼儿健康领域行为观察、记录与评价

任务二　3 ～ 6 岁幼儿语言领域行为观察、记录与评价

任务三　3 ～ 6 岁幼儿社会领域行为观察、记录与评价

任务四　3 ～ 6 岁幼儿科学领域行为观察、记录与评价

任务五　3 ～ 6 岁幼儿艺术领域行为观察、记录与评价

实训条件

幼儿五大领域发展观察、记录与评价的实施条件

名称	实施条件	要求
实训环境	理实一体化教室	校园网无线 Wi-Fi，可在线观看网络资源
物品准备	1. 签字笔；2. 记录本（活页）；3. 手机或平板电脑；4. 五大领域发展活动材料（玩具、教具等）	活动材料充足，满足幼儿需求
知识准备	1. 具备评价幼儿五大领域发展特点与水平的相关知识和操作技能；2. 具备幼儿五大领域指导活动的知识与技能	理解记忆相关知识点

实训步骤

1. 根据幼儿年龄段回顾幼儿五大领域各方面发展水平。

2. 根据幼儿五大领域发展特点，对照各年龄段幼儿五大领域发展的一般水平，分析幼儿五大领域发展的状况，完成分析报告。

3. 根据分析报告，提出促进幼儿五大领域发展的合理建议。

任务一　3～6岁幼儿健康领域行为观察、记录与评价

情境导入

小米是班里比较特殊的一名小朋友，他存在“感统失调”现象，尤其是在动手操作活动上表现得比较明显。例如美术活动时，小米总是画不好线条，涂色时经常把颜色涂到轮廓线的外面，使用剪刀剪直线时也剪不齐，制作创意泥时总要制作两次以上……

针对小米的情况，我选择了成长档案袋的方法对其进行评价。首先我在投入区域材料时提供了大量的描画、连线、涂画等材料，目的是引导幼儿进行手部小肌肉群的锻炼。在指导小米的时候，我会提醒他先用眼睛观察线条的走向，注意手眼协调，以及在涂画的时候先描边等。经过反复的练习后，小米渐渐地提高了手眼协调能力，同时态度也认真了。

接下来，在使用剪刀的方法上，我对小米进行了细致的指导。例如要用剪刀的根部剪线条而不是尖部，剪曲线时左手及时转动等，小米在不断地练习后取得了很大的进步。

在进行创意泥制作时，我会首先告诉小米今天每个人的泥是限量的，不能够做两次。在他制作的时候我在旁边进行指导和鼓励，把他的作品展示给其他小朋友看，并让小米做介绍。每次训练之后我都会将小米的作品收集起来，记录到他的成长档案袋中。通过这样的多次训练之后，我带着小米翻阅他的成长档案袋，使他在翻阅的时候能够从中感受到自己的进步，从而增强他的自信心。渐渐地，小米变得对什么事情都很认真了。

思考答疑

1. 案例中的小米发生了哪些变化？

2. 请结合案例分析说明该保教工作者为什么选择成长档案袋对小米进行评价。

知识点拨

成长记录袋（成长档案袋）是指根据教育教学目标，有意识地将各科有关学生表现的作品及其他证据收集起来，通过合理地分析与解析，反映学生在学习与发展过程中的优势与不足，以及学生在达到目标的过程中付出的努力与取得的进步，并引导学生进行反思与改进，激励学生取得更高的成就。

一、优点

（1）成长记录袋的最大优点在于它能够反映幼儿学习与发展过程中的重要信息。

（2）将幼儿认为最满意、最喜爱或最重要的作品装进成长记录袋，让每个幼儿都看到自己的进步和努力，体验到成功的快乐，有利于培养其进一步学习的情感与态度。

（3）成长记录袋有助于保教工作者发现幼儿的个体差异，从而提供适合每个幼儿特点与水平的教学与指导。

（4）成长记录袋十分重视评价过程中的多主体性，特别是幼儿的自我评价与自我反思，这将充分发挥幼儿的主体性，激发其学习的内在动机。

（5）通过成长记录袋积累有关幼儿学习与发展的各种数据与证明，能够促进形成性评价与终结性评价的有机结合，使教、学与评价有机地结合起来。

二、局限性

（1）成长记录袋的应用需要保教工作者付出额外的时间和精力。

（2）成长记录袋的标准化程度较低。

（3）成长记录袋反映的主要是学生的片面思想。

实践演练

1. 构建幼儿健康领域发展的评价体系，在以先进的教育理念和理论为基础和方向的同时，还需要遵循一定的原则，从而使具体的评价方法体现出先进的教育思想，并且保证其科学性和有效性。

你认为保教工作者在构建幼儿健康领域发展的评价体系时应该注意什么？

知识点拨

由于幼儿年龄较小，语言能力和自我表达能力都相对有限，他们无法准确地表达自己健康领域各维度的发展情况，因此，幼儿健康领域的发展往往都在其日常外显行为中表现出来，这就要求保教工作者在评价幼儿健康领域各发展维度的发展水平时，以幼儿在日常的学习和生活中自然呈现出的可观察到的外部行为为主要依据，采用一些有效的辅助方法和手段，按照相应维度的评价标准，客观、科学地对幼儿健康领域的各个维度做出准确的评价判断。

2. 根据小米的健康发展特点，对照《3～6岁儿童学习与发展指南》，分析小米健康发展的状况，完成分析报告。

行为解释分析

结论：通过×××和×××的观察方法，我们注意到该幼儿……

1.

2.

3.

3. 根据小米的情况，提出促进他健康发展的合理建议。

措施及建议

（依据观察结论给出的建议）

1.

2.

3.

总结提升

随着时代的发展和进步，幼儿的整体素质在不断地提升，因此，保教工作者在评价幼儿行为的时候不应当仅仅局限于已有的手段和方法，而应当勇于探索和创新，在实践中不断提出新的科学、有效的评价幼儿的方法，从而使幼儿行为的评价体系更加完善。

任务二 3 ~ 6 岁幼儿语言领域行为观察、记录与评价

情境导入

增增今年 4 岁，和其他孩子一样聪明可爱，唯独有一点让大人头疼——特别多动，总是爬上爬下，不惧危险，不听劝阻，爱发脾气，不遵守课堂纪律，注意力不集中，不能和小朋友参加集体游戏，智力很好，除了语文什么都喜欢。经过市儿童医院语言认知训练中心医生详细的评估，增增的感觉统合严重失调，构音清晰度停留在 2 岁多，因为说话不清晰，别的小朋友听不懂，所以很少说话，喜欢自己玩，还打小朋友，总是捣蛋，不遵守游戏规则，起初家长还以为孩子有自闭症倾向。据医生了解，增增是在爷爷、奶奶、爸爸、妈妈的溺爱下成长的，很多事情大人都顺着他。比如吃饭，怕增增消化不了，做的食物一直很细软，使得增增咀嚼能力退化，口部肌肉得不到锻炼，从而影响了增增语言的发展。

思考答疑

1. 增增目前的语言发展水平如何？
2. 怎么提高增增的语言能力？

知识点拨

语言是幼儿学习概念、发展智力、扩大交往范围、促进社会化发展的基本元素。语言与幼儿的生活、发展息息相关，对幼儿的身心健康有着重要的影响。人们需要运用语言进行认知和思考，语言的发展和思维发展的关系十分密切。幼儿期是语言发展尤其是口语发展的关键期，幼儿掌握了语言，便拥有了良好发展的条件。随着社会和科技的发展，语言的社会功能和作用显得越来越大。幼儿母语的学习也有助于今后进行外语的学习。因此，促进幼儿语言的发展，才能更好地促进幼儿整体素质的发展，为他们一生的发展奠定基础。

学堂在线

幼儿教师讲故事

讲故事是保教工作者和家长提高孩子语言能力的常用方法。那么，应该怎样通过讲故事提高孩子的语言能力呢？

（1）通过听故事训练孩子的听觉语言；

（2）通过讲故事丰富孩子的词汇；

（3）通过讲故事培养孩子的表达能力。

实践演练

1. 你认为托育机构与家庭该如何更好地共同行动，促进幼儿的语言发展？

知识点拨

家庭中的幼儿教育要注意和托育机构的合作，托育机构的教育是有计划、有目的的，并且有较为科学的教育方法。家长要与保教工作者多交流，一方面互相反馈幼儿在家和在托育机构的表现和各自的教育情况，促使教育一致化；另一方面家长可以向保教工作者学到科学的教育方法，保教工作者在教育教学上有丰富的经验，也能比较快地接受先进的教育理念。因此，家庭教育应该加强与托育机构的合作，全面促进幼儿的成长进步。

2. 根据增增的语言发展特点，对照《3～6岁儿童学习与发展指南》，分析增增语言发展的状况，完成分析报告。

行为解释分析

结论：通过 ××× 和 ××× 的观察方法，我们注意到该幼儿……

1.

2.

3.

3. 根据增增的情况，提出促进增增语言发展的合理建议。

措施及建议

（依据观察结论给出的建议）

1.

2.

3.

总结提升

语言是进行思维、反映思想、表达情感、记录思维成果的工具，是帮助幼儿顺利建立自我意识的一个重要因素。如果幼儿早期语言发展受到阻碍，将对幼儿其他方面能力的发展产生一定的影响和阻碍。因此，语言的重要性绝不容忽视。

任务三　3～6 岁幼儿社会领域行为观察、记录与评价

情境导入

璇璇是一个 5 岁的小女孩，活泼聪明，好胜心强，语言能力很强，能说善辩。由于她的父母忙于生意，因此璇璇一直由爷爷接送，生活饮食也由爷爷负责，只有周日才和父母在一起。一天早晨，一入园可怡就拉着我的手悄悄对我说："老师，今天我不想和璇璇挨着。"我一听就问："为什么呀？你们不是很好的朋友吗？"这时可怡的妈妈有点为难地说："璇璇老拿刀子割可怡的书包，现在已经是换第三个书包了，今天的新书包不能再让她割了！"我惊奇地看着璇璇，这个活泼爱动、有点像男孩子的女孩竟然已经割破了她最好朋友的两个书包。而她现在正眉飞色舞地和小朋友炫耀自己有多么漂亮的小本子。

思考答疑

分析思考保教工作者在评价璇璇的行为时应遵循什么原则。

知识点拨

幼儿社会行为评价应遵循以下原则。

一、导向性原则

导向性原则要求幼儿社会行为评价要发挥正确的导向作用。幼儿的社会行为评价必须真正地起到促进幼儿身心全面发展的作用。为了贯彻导向性原则，有必要将素质教育的理念、以人为本的理念、科学和谐发展的理念引入评价工作中，对保教工作者的工作过程和绩效及幼儿的社会性发展水平进行评价。导向性原则是教育评价的根本原则。

二、科学性原则

评价的科学性原则是指评价者以科学的评价理论为指导，采用科学的方法，对幼儿社会性发展水平进行评价。评价的科学性原则要求评价的指导思想、评价的程序和指标体系、评价的方法、评价的组织工作和制度安排都科学合理。

三、客观性原则

客观性原则是指幼儿社会行为评价应尽量做到客观公正、实事求是。这要求评价时应采取实事求是的态度，尽量客观、全面地搜集资料，以事实为依据进行评价与判断。

四、可行性原则

可行性原则是指幼儿社会性评价方案是现实可行的，能顺利地实施、推广和应用。评价的可行性原则要求评价具有计划性、评价方案结合实际情况、评价制度规范、评价标准和要求适度。

实践演练

1. 嫉妒是一种消极的社会现象，它是对别人在物质、品德、能力等方面胜过自己而产生的一种不满和怨恨，是一种被扭曲了的情感。它对个人、集体和社会起着耗损作用，是一种对团结友爱非常不利的情感。这种缺点如果保留到长大以后，那么孩子就很难协调与他人的关系，很难在生活中心情舒畅。因为嫉妒心理强的人，别人的成功和他自己的失败，都会给他带来痛苦，平添不少烦恼。所以从小就应该纠正孩子的这一不健康的心理行为。

你认为托育机构与家庭应该如何更好地共同行动，培养孩子健康的心理和健全的人格？

知识点拨

幼儿道德启蒙教育

对幼儿进行道德启蒙教育应从以下五个方面着手。

一、主体性道德启蒙

当前幼儿道德启蒙教育的错误倾向之一就是完全忽视幼儿的主体地位。外因只有通过内因即幼儿的真实感知、领悟或信服才能起作用。因此，幼儿道德启蒙教育必须充分发挥幼儿的主体性，使幼儿积极参与。

二、情感性道德启蒙

幼儿的道德启蒙教育首先是情感的启蒙，幼儿道德启蒙教育要以道德情感的教育为核心和基础。情感是认知的动力，要使幼儿获得对人对事的正确认知和态度，必须唤起幼儿积极的情感经验。

三、活动性道德启蒙

活动不仅是个体道德形成、发展的根源与动力，而且是道德的个体意义或价值实现的根本途径。幼儿品德的形成有赖于幼儿在真实的情景和社会生活中获得的感性经验。

四、养成性道德启蒙

品德教育对幼儿来说，更多的是养成教育。培养幼儿良好的品德与行为习惯，绝非几日就能奏效。我们要持之以恒、坚持不懈、不失时机地把行为习惯的养成教育渗透在幼儿的一日生活中，帮助幼儿领会社会的道德要求与期望，引导幼儿知晓道理，指导他们付诸行动，反复练习，从而形成良好的道德行为与习惯。

五、协调性道德启蒙

对幼儿进行道德启蒙教育不仅是托育机构的任务，家庭和社会也有不可推卸的责任。要完成幼儿道德启蒙教育的任务，必须处理好家庭教育、托育机构教育和社会教育的关系。

2. 根据璇璇的社会行为发展特点，对照《3～6岁儿童学习与发展指南》，分析璇璇社会行为的发展状况，完成分析报告。

行为解释分析

结论：通过×××和×××的观察方法，我们注意到该幼儿……

1.

2.

3.

3. 根据璇璇的情况，提出促进璇璇社会行为发展的合理建议。

措施及建议

（依据观察结论给出的建议）

1.

2.

3.

总结提升

道德品质，即品德，是一种个体现象，它是社会道德在个人身上的表现。一个人依据一定的道德准则行动时所表现出来的某些稳固的特征，便是他的道德品质。一个人的品德如何，对其一生有重大的影响，现在不少家长在关心孩子身体健康、注重智力开发的同时，往往忽视了品德教育。“等孩子长大懂事了，再教育也不晚。”

这是一种颇有代表性的想法，事实上这种想法是错误的，它不利于孩子的身心发育。品德教育也要从小抓起，才能有好的效果。

任务四　3～6岁幼儿科学领域行为观察、记录与评价

情境导入

蕾蕾不能理解加减运算的抽象意义，而实际上蕾蕾在生活中经常会用加减运算解决问题，只不过没有把这种“生活中的数学”和“学校里的数学”联系起来。

思考答疑

1. 蕾蕾在对数量关系的理解和运用方面发展水平如何？
2. 保教工作者在评价幼儿对数量关系的理解和运用能力时可以采用什么方法？

知识点拨

幼儿科学领域行为的观察、记录与评价可采用以下方法。

一、观察法

第一是行为检核，即在观察之前，依据评价的内容，确定观察的目标，制成一份观察行为检核表，将要观察的行为列在表中。在实际观察时，我们只要对照行为检核表中的各个项目进行逐条检核，并在符合的项目上做好记号即可。第二是事件详录，即详细记录某种特定行为或时间的完整过程，并做出评价。在有现成的记录表格的情况下，可以按照一些表格的项目，详细记录幼儿在项目中的表现；在没有现成的记录表格的情况下，既可以临时对行为或时间进行速记，也可以有计划地进行观察记录。

二、测查法

测查法也称测试法，就是通过测试题目对幼儿的发展水平进行调查。通过这种方法，我们可以对幼儿的逻辑思维能力、空间想象能力、分析问题解决问题的能力进行综合评价。

三、作业分析法

作业分析法就是通过对幼儿的作业进行分析，来了解幼儿的发展水平或检测教学活动的效果。我们可以设计“作品取样系统发展检核表”，进行全面评价，也可以针对教学重点进行评价，以了解教学效果。

四、建立档案袋法

档案袋是一种综合性的评价方法，它是指对幼儿较长时间内的发展进行观察与记录，收集并分析幼儿的作品，经过整理后进行评价，以反映幼儿在一段时间内的学习过程和成长轨迹。我们可以将幼儿的作品、作业评价、访谈的结果、调查的结果、和家长沟通的资料等，列为档案袋评价方法的素材。

实践演练

1. 数学认知的能力是个体生活的必备能力之一，单纯的运算只能解决书面上的问题，只有运用数学认知能力和抽象思维能力解决实际问题才是发展的目标。你认为保教工作者在评价幼儿数学认知能力的发展情况时要注意什么？

知识点拨

在幼儿科学领域行为评价中，保教工作者要能够处理好科学教育目标实现、幼儿表现、成人指导以及幼儿发展之间的关系。在具体实践中，评价活动应当做到以下几点：一是要做到评价的经常化，无论是课堂科学教育还是生活科学教育，幼儿科学教育都是经常开展的，所以评价要紧跟教学，即开展经常性的评价，以评价结果为依据，对幼儿科学教育的内容及形式做出有针对性的调整。二是评价要突出以推动幼儿发展为目的的思想，在评价过程中要以发展的眼光来看待幼儿当前的科学素养。三是评价过程要体现出对幼儿差异性的尊重。四是要重视评价方法的多元化。

2. 根据蕾蕾的科学行为发展特点，对照《3～6岁儿童学习与发展指南》，分析蕾蕾科学行为的发展状况，完成分析报告。

行为解释分析

结论：通过 ××× 和 ××× 的观察方法，我们注意到该幼儿……

1.

2.

3.

3. 根据蕾蕾的情况，提出促进蕾蕾科学领域行为学习的合理建议。

措施及建议
（依据观察结论给出的建议） 1. 2. 3.

总结提升

当代的幼儿科学教育活动中存在着诸多共性的问题，这些问题要依靠保教工作者自己去发现并寻找解决的方法，以更好地对幼儿开展科学探究活动。同时，要时刻把握幼儿的身心发展规律这根准绳，不要偏离了这个原则去开展教育活动。

任务五　3～6岁幼儿艺术领域行为观察、记录与评价

情境导入

一节美术课上，我请小朋友画“春天的花圃”，在小朋友们都聚精会神画画的时候，我发现灿嵘小朋友在画纸上画了很多小竖线，却一朵小花也没有画。于是，我轻轻地走到他的身边，可是，他却连忙用胳膊把画纸捂住，并且把头低下去。很明显，他知道自己“画得不好”。就在这时，坐在他旁边的小女孩，抢着告诉我：“老师，老师，他什么也不会画，他画得乱七八糟。”灿嵘听后，很不好意思地红着脸，一脸羞愧地看着我。当时，我看着他的表情，心里像打翻了五味瓶一样。是呀！孩子的心是多么脆弱，当众出丑肯定让他觉得很难堪。而我，既不能很虚假地去表扬

“你画得不错”，也不能完全否定，继续伤害他，我只是很随意地说了一句：“如果不会画花，可以画一些其他的东西，比如小草……”灿嵘听我这么一说，捂着画纸的手才慢慢地放开了，他看着自己的画，若有所思地说：“老师，老师，我画的是冬天的花！你看，这就是小雪花。”你瞧，他想得多好！我趁机表扬了他，并告诉他：“春天来了，冬天已经过去了，你也画一些春天的花，好吗？”灿嵘想了想，点了点头，又继续画了起来。待活动结束时，我发现灿嵘的画纸上果然多出了许多小花，我会心地笑了。我想：正是因为给予他积极鼓励的评价，才会使他逐步克服困难，战胜自卑，拥有了自信。

思考答疑

阅读该案例后，请分析说明保教工作者应该如何评价幼儿的美术作品。

知识点拨

我国资深的美术教育工作者潘元石在其著作《幼儿画教学艺术》一书中从以下五个方面来评价幼儿的美术作品：

第一，幼儿画的表现要符合幼儿身心的发展。幼儿的绘画能力要配合他的身心发展，两者才能得以平衡地发展。

第二，幼儿画要能表达出内心感受，并能宣泄个人的情感。绘画的生命在于表达属于自己内心的感受，以及宣泄情感。例如，将自己内心的恐惧、害怕的感受通过绘画明确而强烈地表现出来。

第三，幼儿画要能发挥幼儿的个性，要有自我的表现。绘画对幼儿而言，是一种按照自己的个性，表现自我、主张自我的手段。因此，只要是属于幼儿自己的感受，对幼儿来说都是有意义的，而且应该值得重视。

第四，幼儿画要表现出活用绘画材料的特性。各种绘画材料都有其不同的使用方法和不同的风格特性，幼儿能够把握其特性，充分地活用它，描绘出生动的画面，才是发挥其特性的艺术创作。

第五，幼儿的图画作品要和画纸的大小相称，才会令人感觉舒适。幼儿在大大的画纸的角落描画出小小的形象，或把整个形象描绘得上下左右都没有空白的话，是不会令人感觉舒适的。

实践演练

1. 在对幼儿进行美术活动评价时，应该注意什么？

知识点拨

美术活动评价是提高美术活动质量的手段，幼儿处在“镜像自我”的阶段，对外界的评价很敏感，往往将成人的评价作为认识自己的重要依据。经常受到表扬和激励的孩子，能较好地悦纳自我，增强做事的自信心。

进行评价时，保教工作者要注意根据幼儿不同的年龄采取不同的表达方式。无论对哪个年龄段的幼儿，保教工作者都应善于发现每个幼儿活动过程中表现出来的闪光点和不同点，从多种角度开展评价，而不仅仅局限于美术技能的评价。要用肯定赞赏的语言为他们鼓劲，给予每一个幼儿激励性的评价，激发其继续大胆作画的欲望和热情。同时又要准确把握、及时发现幼儿的不足，通过改进教育教学方法或制定个别化教育方案促进幼儿能力的进一步提高。对于幼儿学习绘画过程中的习作也应该用欣赏的眼光来看待，看看是否完成了学习的要求，是否大胆地尝试，是否有求异、求新的好习惯。发现好的地方给予积极的评价，好的部分也应说得具体；不足部分应建议幼儿重新观察、思考和尝试，而不应笼统地给予消极的评价。

幼儿绘画能让我们发现另一个美妙的世界。我们应该始终以欣赏的眼光看待幼儿，用积极的态度激励幼儿。正确欣赏、评价幼儿绘画，对幼儿绘画能力的发展将会有很大的帮助。

2. 根据灿嵘的艺术行为发展特点，对照《3～6岁儿童学习与发展指南》，分析灿嵘艺术行为的发展状况，完成分析报告。

行为解释分析

结论：通过 ××× 和 ××× 的观察方法，我们注意到该幼儿……

1.

2.

3.

3. 根据灿嵘的情况，提出促进灿嵘艺术行为发展的合理建议。

措施及建议

（依据观察结论给出的建议）

1.

2.

3.

总结提升

通过评价，不仅要促进幼儿艺术活动的一般能力的发展，还要促进其德、智、体、美诸方面的全面发展。不仅要抓"两头"，还要给予大多数幼儿足够的关注，促进幼儿的整体发展。通过评价，不仅要发现幼儿艺术活动中的问题，更重要的是要对保教工作者以往教育的成功与失误进行反思，以改进教学方式，完善教育手段，实现新的培养目标。

课后巩固

课后提升

到托育机构观摩一次集体教学活动，并对幼儿在活动中的表现进行评价分析。

拓展资源

贯彻《3～6岁儿童学习与发展指南》实践过程中的问题与对策

李季湄

一、《3～6岁儿童学习与发展指南》不是讲五大领域

《3～6岁儿童学习与发展指南》绝不是分领域推进领域的课程，它讲的是怎样抓住幼儿发展核心，遵从幼儿成长规律、教育规律去提高教育质量。

二、《3～6岁儿童学习与发展指南》的核心，是了解幼儿发展

《3～6岁儿童学习与发展指南》一个非常重要的精神就是，希望教师更加了解孩子，根据孩子的发展情况进行有针对性的教育，这也是教师专业素质的核心。

三、评价肯定有，但不是定等级

为什么要评价——目的是了解幼儿的发展需要，以便提供更加适宜的帮助和指导。评价什么——全面了解幼儿的发展状况，既要了解现有水平，更要关注其发展的速度、特点和倾向。怎么评价——评价应自然地伴随着整个教育过程进行。

四、不能将“典型表现”当硬指标

幼儿在一日生活或游戏中的其他任何表现，只要能反映其在教育目标上的发展，即使典型表现里没有，都应当加以肯定。

五、心中无幼儿，一切皆成难题

在考虑教育的程度、容量、限度、难度等有关问题时，心中无幼儿，只从教育者一方去考虑，千方百计地想确定一个统一的标准或限度，之后就照章去做，按规定去评，用标准去套，这是绝对不行的。

考核评价

评价阶段	评价内容	佐证	教师评价	学生自评	学生互评	平台评测	是否达标（达标√ 未达标×）
课前自学	“学堂在线”完成度	平台数据					
	自学自测	完成测试题					
课中实训	3～6岁健康领域观察分析报告	能够撰写分析报告					
	3～6岁语言领域观察分析报告	能够撰写分析报告					
	3～6岁社会领域观察分析报告	能够撰写分析报告					
	3～6岁科学领域观察分析报告	能够撰写分析报告					
	3～6岁艺术领域观察分析报告	能够撰写分析报告					
	教育建议	能够提出教育建议					
	科学的儿童观、评价观	能够科学评价儿童					
	问题意识、研究意识	能够发现问题，研究问题					
课后巩固	课后提升	平台数据					
	拓展资源	平台数据					

项目八

3～6岁幼儿游戏行为观察、记录与评价

项目概述

“游戏是幼儿的基本活动”，幼儿最喜欢游戏，渴望游戏，他们在游戏中探索，在游戏中获得快乐，在游戏中丰富生活经验，因此，游戏对幼儿的发展具有重要的价值，研究幼儿游戏也是十分必要的。观察幼儿游戏是保教工作者了解幼儿的重要手段，也能够为指导幼儿游戏、解决游戏中出现的问题提供重要依据。

本项目重点学习幼儿游戏行为观察、记录与评价的内涵和意义，3～6岁幼儿游戏行为观察、记录与评价的方法，3～6岁幼儿游戏行为发展的规律与特点，以及具体实训任务：3～6岁幼儿角色游戏观察、记录与评价，3～6岁幼儿结构游戏观察、记录与评价，3～6岁幼儿表演游戏观察、记录与评价。

学习目标

素质目标

1. 树立科学的儿童观、评价观。
2. 尊重幼儿游戏天性，树立正确的游戏观。
3. 注重观察的主动性、敏感性、全面性。
4. 爱岗敬业，培养对工作的责任感和使命感。

知识目标

1. 了解 3 ～ 6 岁幼儿游戏行为观察、记录与评价的意义。
2. 掌握 3 ～ 6 岁幼儿游戏行为观察、记录与评价的方法。
3. 掌握 3 ～ 6 岁幼儿游戏行为发展的规律与特点。

能力目标

1. 能观察、记录与评价幼儿游戏中的行为表现。
2. 能根据观察记录分析幼儿游戏中的行为问题，提出合理的教育建议。

案例先导

3 岁的乐乐和琪琪在沙土区高兴地玩耍，可是不一会儿，她们发现只能用手堆积成小山，便很快失去了兴趣。见此情景，教师找出印模，有水果的、蔬菜的，悄悄地放在了她们的操作台上，并退到一旁观察。只见乐乐拿起印模就开始做造型，并与琪琪分享，两个人很快就投入了“过家家”的游戏中。

课前自学

一、3 ～ 6 岁幼儿游戏行为观察、记录与评价概述

（一）幼儿游戏行为观察、记录与评价的内涵

幼儿游戏行为观察、记录与评价是指评价者依据幼儿游戏的教育目标，运用科学的教育评价方法，对幼儿游戏中的行为进行观察、记录与评价，以便及时发现问题，采取教育指导策略。幼儿游戏行为观察、记录与评价主要包括对角色游戏、结构游戏、表演游戏的观察、记录与评价。

（二）幼儿游戏行为观察、记录与评价的意义

观察幼儿游戏行为是保教工作者了解幼儿的重要手段，它不仅可以让我们及时准确地获得幼儿相关方面发展的信息，发现幼儿的个体差异，还可以让保教工作者依据对幼儿游戏行为的观察，进一步思考他们的教育、教学行为，提出适当的教育策略。

二、3～6 岁幼儿游戏行为观察、记录与评价的方法

幼儿游戏的过程，为保教工作者提供了密切观察幼儿的机会。幼儿是游戏的主人，保教工作者担当的是引导者的角色，保教工作者在成为引导者之前，首先要做一名合格的观察者与记录者。那么，保教工作者应该怎样做好观察记录呢？除了常用的轶事记录法、取样法、环境影响法、行为核检法，还可以采用以下方法。

（一）整体法

整体法主要通过符号记录幼儿的活动，保教工作者需要对所有的幼儿进行扫描式的观察，每个活动可以持续观察几分钟，从而了解幼儿的游戏情况。

学堂在线

整体法概述及举例

整体法一般在游戏开始和结束时用得比较多，保教工作者事先拟定好表格，把观察内容罗列清楚，游戏开始时直接将自己所看到的内容在表格里做记号（如打√），也可以根据实际需要，用不同颜色的笔做记号。

整体法常采用的表格形式如表 8－1 所示。

表 8－1　幼儿参与户外游戏区情况观察表

班级：__________　　记录人：__________　　时间：__________

姓名	性别	沙土区	戏水区	涂鸦区	建构区
果冻	男	√	√		√
乐乐	女	√		√	
康康	男	√			√
西西	男		√	√	√

（二）书面法

书面法是指通过文字的形式记录幼儿的游戏活动。常用的方式有以下几种。

学堂在线

书面法概述及举例

1. 结构化记录

结构化记录是指事先确定观察样本和观察内容，并记录观察结果的一种方法。

2. 非结构化记录

非结构化记录也称无结构记录，保教工作者不必事先确定记录样本和记录内容，一般要求有大致的记录内容和范围即可。这类记录具有不确

定性，是自发的，常常是因为突然发生了有趣的或出人意料的事情而进行记录。建议保教工作者在口袋里常备小巧的笔记本和笔，以便随时进行记录。

三、幼儿游戏行为发展的规律与特点

（一）小班幼儿游戏行为

小班幼儿的游戏特点是平行游戏，也可以说是对同伴无意识的模仿游戏。他们的行为易受同伴的影响，看到别人做什么自己也要做什么，以致游戏主题不稳定。

（二）中班幼儿游戏行为

中班幼儿的游戏特点是联合游戏，从最初同伴间的松散关系，逐渐变得有了相同的游戏目的，但是这种目的是随时变化的。在联合游戏的过程中，幼儿的思维、想象力和各种社会性交往能力都能得到充分的发展。

（三）大班幼儿游戏行为

大班幼儿的游戏特点是合作游戏，合作游戏是幼儿社会化程度最高的游戏。合作游戏始于幼儿中期，幼儿 5 岁以后，合作游戏越来越多。在游戏中，同伴之间有了共同游戏的愿望，事先会进行游戏任务的分工，可以围绕共同的主题，在游戏中相互合作并努力达到目的。

自学自测

一、填空题

1. (　　　　) 主要通过符号记录幼儿的活动，保教工作者需要对所有的幼儿进行扫描式的观察，每个活动可以持续观察几分钟，从而了解幼儿的游戏情况。
2. 小班幼儿的游戏特点是 (　　　　)，也可以说是对同伴无意识的模仿游戏。他们的行为易受同伴的影响，看到别人做什么自己也要做什么，以致游戏主题 (　　　　)。
3. 中班幼儿的游戏特点是 (　　　　)，从最初同伴间的松散关系，逐渐变得有了相同的游戏目的，但是这种目的是随时变化的。
4. (　　　　) 是幼儿社会化程度最高的游戏。在游戏中，同伴之间有了共同游戏的愿望，事先会进行游戏任务的分工，可以围绕共同的主题，在游戏中相互合作并努力达到目的。

二、思维导图

请用思维导图的形式绘制出“幼儿游戏行为发展的规律和特点”。

思维导图

课中实训

实训目标

1. 能掌握角色游戏、结构游戏、表演游戏的观察要点。

2. 能对幼儿游戏行为问题进行评价和分析，并撰写观察记录。

3. 能对幼儿游戏行为的常见问题提出合理的指导策略。

实训内容

任务一　3～6 岁幼儿角色游戏观察、记录与评价

任务二　3～6 岁幼儿结构游戏观察、记录与评价

任务三　3～6 岁幼儿表演游戏观察、记录与评价

实训条件

幼儿游戏行为观察、记录与评价的实施条件

名称	实施条件	要求
实训环境	理实一体化教室	校园网无线 Wi-Fi，可在线观看网络资源
物品准备	1. 签字笔；2. 记录本（活页）；3. 问卷样表；4. 手机或平板电脑等录音录像设备	活动材料充足
知识准备	1. 具备评价幼儿游戏行为的相关知识和操作技能；2. 具备幼儿游戏行为指导活动的知识与技能	理解记忆相关知识点

实训步骤

1. 回顾幼儿游戏行为观察、记录与评价的内容与要点。

2. 选择合适的观察记录方法观察幼儿游戏行为表现，并撰写观察记录。

3. 根据幼儿游戏行为表现发现问题，分析游戏行为问题的影响因素，完成分析报告。

4. 根据分析报告，提出幼儿游戏行为的指导策略。

任务一　3～6岁幼儿角色游戏观察、记录与评价

情境导入

以下是某托育园大班老师对幼儿角色游戏的观察实录：

“风味小吃店”是我们班孩子非常喜欢的一个角色游戏。根据幼儿的需要，现在“风味小吃店”的食品有：水饺、馒头、汤圆和羊肉串等。很多幼儿都喜欢参与“风味小吃店”的游戏，摆弄这些形象逼真的材料。有一次，大明选择了“风味小吃店”游戏，他卖起了羊肉串。游戏中，他发现制作羊肉串的陈辰离开了，立刻跑去摆弄制作羊肉串的材料，觉得挺好玩的。陈辰回来后，与大明吵了起来。因为，此时的大明怎么也不愿意离开制作羊肉串的岗位，他让陈辰去卖羊肉串，陈辰不愿意，陈辰跟大明说道：“明明是我在做羊肉串，我先来的。”大明想了想说：“那我们‘石头、剪刀、布’。”结果，大明输了，他又去卖羊肉串了。

思考答疑

1. 尝试分析大明的游戏行为。
2. 根据该教师的观察记录，试分析幼儿角色游戏的观察要点是什么。

知识点拨

角色游戏是指幼儿通过扮演角色，运用想象，创造性地反映个人生活印象的一种游戏。角色游戏是幼儿期最典型、最有特色的一种游戏。

一、幼儿角色游戏的特点

（一）小班角色游戏特点

（1）角色游戏直接依赖玩具；

（2）以平行游戏为主，喜欢玩与同伴相似的游戏；

（3）角色意识不强，角色间缺乏合作性；

（4）没有明确的主题，易受外界因素的影响。

（二）中班角色游戏特点

（1）内容比较丰富，持续时间延长；

（2）处于联合游戏阶段，有与同伴交往的愿望，但交往技能欠缺，常发生纠纷；

（3）角色意识较强，情节较简单；

（4）有了一定的主题，但是主题不稳定。

（三）大班角色游戏特点

（1）内容丰富，主题新颖多样；

（2）处于合作游戏阶段，善于和同伴一起游戏，并能够协商解决游戏中出现的问题；

（3）角色增多，能反映较为复杂的人际关系；

（4）游戏的独立性、计划性加强，能按自己的意愿主动选择并有计划地游戏。

二、幼儿角色游戏的观察要点

（一）游戏前

（1）进入游戏主题的幼儿人数是否合理；

（2）幼儿是否对角色游戏感兴趣；

（3）幼儿的兴趣点是什么（角色或者材料等）；

（4）幼儿是否能协商解决角色分配问题。

（二）游戏中的表征行为

（1）幼儿是否知道自己扮演的角色；

（2）幼儿是否能表现该角色的行为；

（3）幼儿是否知道自己主要做什么；

（4）幼儿游戏经验是否丰富；

（5）幼儿是否能运用已有知识开展游戏（拓展游戏情节，开发新主题）；

（6）幼儿在游戏中是否有替代行为，替代物与原型是否相似；

（7）幼儿在游戏中是否有同一物品进行多种替代或不同物品进行同一替代的现象；

（8）幼儿是否能将物品进行简单改变后进行替代；

（9）幼儿在游戏中是否投入；

（10）幼儿游戏行为与角色是否对应；

（11）游戏中幼儿遇到问题是否能主动寻找解决的办法。

（三）游戏中的合作行为

（1）幼儿游戏的方式是独自游戏还是平行游戏、合作游戏；

（2）幼儿是否有规则意识，并自觉遵守规则；

（3）幼儿是否愿意主动与人沟通；

（4）幼儿的沟通语言是否符合角色要求；

（5）幼儿是否会采用协商的办法处理与玩伴的关系；

（6）个人主见多一些还是跟从别人多一些；

（7）是否会同情和关心别人，是否会取得别人的同情和关心；

（8）是否善于调整自己的行为以适应他人。

实践演练

1. 请根据“幼儿角色游戏的观察要点”拟定一份行为检核表。

幼儿角色游戏观察、记录与评价表

班级：__________　　人数：__________　　填表时间：__________

项目	内容	幼儿表现（人次）				备注
		☺	√	△	×	
游戏前						
游戏中的表征行为						
游戏中的合作行为						
情况分析及改进措施						

填表说明：☺ 做得非常好　√基本能做到　△在成人或者同伴提醒下能做到　× 做不到（其他情况请在备注处填写）

2. 以下是某位托育教师的观察记录，通过记录尝试分析幼儿角色游戏行为并提出相应的指导对策。

观察时间：2022年3月14日上午10:30—11:00。

地点：大二班角色区。

观察对象：田田、小文和辰熙。

材料投放：盘子若干、橡皮泥、塑料锅、碗筷等。

观察者：本班教师。

大班区域活动时间到了，田田、小文和辰熙选择了角色区——宝宝餐厅，他们经过协商，推选“老大哥”（在班里年龄最大）田田担任老板，厨师和服务员的角色还没有定下来，小文和辰熙就起了争执，两人都想当厨师。三人经过商议，一致同意采用“石头、剪刀、布”的方法决定由谁来当厨师，最后辰熙赢了，顺利当了厨师，小文选择了服务员的角色。游戏开始前，老板田田先跟小文说：“你先去摆好餐盘吧，客人马上就要来了。”小文按照田田的要求开始摆放餐盘，辰熙也来帮忙。不一会儿，来了一位小客人，三个人一拥而上，连忙问客人吃点什么，小文生气地说道：“客人来了是我服务，你们做得不对！”田田说：“老板干什么都行，辰熙赶紧去准备做饭吧！”就这样，客人点了汉堡、比萨，辰熙开始做饭。小文和老板开心地和客人聊天，给他倒水。辰熙做好饭，送到客人面前，小文又生气地说道：“这应该是我做的，你应该喊我！”老板也忙补充道：“小文说得对！你只管做饭就可以。”于是，三个人就这样你一句我一句地吵了起来……

分析与解释：
指导与对策：

总结提升

在角色游戏中，孩子们通过对现实生活的模仿，再现社会中的人际交往，练习社会交往的技能，不知不觉中就提升了人际智能。保教工作者对幼儿角色游戏的指导应注意以下几点：

（1）帮助幼儿丰富生活经验。有时幼儿游戏行为与角色不能完全对应，原因在于生活经验不够丰富，教师可以在开展游戏前，通过一定的教学手段丰富幼儿的生活经验。

（2）力求游戏材料多样化，有效发挥幼儿主动性。作为保教工作者，注意观察幼儿在角色游戏中对材料的选择，了解幼儿感兴趣的玩具材料，有助于提高幼儿对此主题游戏的兴趣。

（3）做好游戏的观察者。在幼儿游戏的过程中，保教工作者要定位好自己的角色，担当好游戏的观察者角色。通过对游戏的细心观察，了解幼儿的内心世界，顺应幼儿需要。当孩子们的游戏无法进行下去时，保教工作者可以参与游戏，引导幼儿继续开展游戏。

任务二　3～6 岁幼儿结构游戏观察、记录与评价

情境导入

观察记录：

结构区里大部分都是男孩子，他们设定的主题是开元寺，除了建构已学过的东西塔、大雄宝殿外，幼儿还联想到在开元寺里看过古船，于是一伙人都兴致勃勃地参与到古船的建构中。毛毛与航航选择了小星星积塑，相互配合拼起了船底，而较晚入区的佳佳看到小星星积塑已经有很多小朋友在玩，就和毛毛商量：“能不能和我一起玩？”航航忙说：“我们人数已经够了，快没玩具了，你到其他地方去吧！”佳佳不愿意去其他区。伟伟在一旁拿出雪花片约佳佳：“那我们拼一些小船好了。”但佳佳还是不愿意。这时我介入启发幼儿思考：“船上可以用些什么样的摆设装饰一下？”他们回答了好多种：亭子、椅子、船桨、大炮、旗子等。“那这些小装饰就可以用雪花片模拟建构，再与大船组合起来。”这时，佳佳像是获得了某种灵感，兴奋地拉着伟伟一起用雪花片装饰古船。最后，这群小伙伴还一起用各种“围墙”装饰性地划分开元寺的古船、东西塔、假山等不同景物。

思考答疑

1. 尝试分析幼儿的游戏行为。

2. 根据该托育教师的观察记录，试分析幼儿结构游戏的观察要点是什么。

知识点拨

结构游戏，又称建构游戏，指幼儿借助各种结构材料（积木、沙、金属、积塑）进行各种构造活动，以反映现实生活的游戏。幼儿结构游戏的主要类型有：积木游戏、积塑游戏、积竹游戏、金属构造游戏、拼棒游戏、拼图游戏、玩沙水雪石等。

一、幼儿结构游戏的特点

（一）小班结构游戏特点

（1）材料选用的盲目性和简单性。小班幼儿的材料选择比较简单，而且很少意识到积木是用来搭建的，只是用来嬉戏或者进行简单的叠高。

（2）结构技能简单。小班幼儿基本可以达到叠高这一水平，多以简单的平铺、延伸、堆高为主。

（3）易中断，坚持性差。小班幼儿注意力集中时间平均只有5～10分钟。

（4）无计划的主题建构。小班幼儿不会预先计划自己的活动，而且易受外界环境的影响而改变原来的活动内容。

（二）中班结构游戏特点

（1）开始有目的地选择材料。中班幼儿选择材料开始有一定的目的性，如能根据构造物的特性来选择材料。

（2）建构技能以“架空”为主。

（3）坚持性进一步增强。

（4）有计划的主题建构，但易变化。

（三）大班结构游戏特点

（1）结构的目的性、计划性和持久性增强。

（2）建构技能日趋成熟。

（3）能根据游戏需要，创新建构主题。

二、幼儿结构游戏的观察要点

（一）游戏前

（1）幼儿是否对结构游戏感兴趣。

（2）幼儿的兴趣点是什么（同伴合作或者材料等）。

（二）游戏中的构造行为

（1）构造动机是出自构造物的诱惑、模仿还是自愿。

（2）构造作品与原型的相似度及复杂程度。

课中实训

（3）对构造技能把握的准确性和牢固性。

（4）对造型是先想后做，还是边做边想，或者先做后想；注重构造的过程还是结果。

（5）是否按照一定的规则对材料的形状、颜色进行有选择的构造。

（6）是否会用不同材料搭配构造。

（7）是否能探索和发现材料特性并解决构造中的难题。

（三）游戏中的表征思维

（1）幼儿在游戏中是否有替代行为，替代物与原型是否相似。

（2）幼儿在游戏中是否有同一物品进行多种替代或不同物品进行同一替代的现象。

（四）游戏中的合作行为

（1）是独自游戏、平行游戏还是合作游戏。

（2）与同伴或成人是主动沟通还是被动沟通。

（3）有个人主见多一些还是跟从别人多一些。

（4）是否会采用协商的办法处理与玩伴的关系。

（5）是否会同情和关心别人，是否会取得别人的同情和关心。

（6）交往合作是否善于运用沟通语言。

（7）是否善于调整自己的行为以适应他人。

实践演练

1. 请根据“幼儿结构游戏的观察要点”拟定一份行为检核表。

幼儿结构游戏观察、记录与评价表

班级：__________　　人数：__________　　填表时间：__________

项目	内容	幼儿表现（人次）				备注
		☺	√	△	×	
游戏前						
游戏中的构造行为						

续表

<table>
<tr><th rowspan="2">项目</th><th rowspan="2">内容</th><th colspan="4">幼儿表现（人次）</th><th rowspan="2">备注</th></tr>
<tr><th>☺</th><th>√</th><th>△</th><th>×</th></tr>
<tr><td rowspan="3">游戏中的表征思维</td><td></td><td></td><td></td><td></td><td></td><td></td></tr>
<tr><td></td><td></td><td></td><td></td><td></td><td></td></tr>
<tr><td></td><td></td><td></td><td></td><td></td><td></td></tr>
<tr><td rowspan="3">游戏中的合作行为</td><td></td><td></td><td></td><td></td><td></td><td></td></tr>
<tr><td></td><td></td><td></td><td></td><td></td><td></td></tr>
<tr><td></td><td></td><td></td><td></td><td></td><td></td></tr>
<tr><td>情况分析及改进措施</td><td colspan="5"></td><td></td></tr>
</table>

填表说明：☺做得非常好　√基本能做到　△在成人或者同伴提醒下能做到　×做不到（其他情况请在备注处填写）

2. 以下是某位托育教师的观察记录，通过记录尝试分析幼儿结构游戏行为并提出相应的指导对策。

观察时间：2022年11月14日下午13:50—14:10。

地点：中班建构区。

观察对象：嘉欣、雨萱、宇哲。

材料投放：原色积木、奶粉罐、饼干盒、薯片盒、纸板、鞋盒等。

观察者：本班教师。

观察背景：

生活中各种废旧的纸盒、易拉罐、木板材、茶叶盒等，都可以成为孩子们用来建构的宝贝。在建构区，这些废旧的、易于收集的低结构材料，是区域游戏时幼儿玩得最爱不释手的“玩具”。他们通过叠高、架空等方式，感知了空间架构；在建构中有尝试、有探索、有思索，真正体验了合作、解决问题、收获成功的快乐。在建构游戏中，教师要鼓励幼儿收集生活中的各种低结构材料，不断激发自身创新创造的欲望，提高他们动手操作、动脑思考的能力，以及增强合作的意识。

观察内容：

“我们合作搭一个房子吧！”嘉欣邀请雨萱。“好啊，我来做屋顶吧。”“我也和你们一起搭建！”宇哲也跑过来，并且递给嘉欣一根木棍，嘉欣推开木棍说：“上面不能再放东西了。”雨萱把做好的屋顶放在了嘉欣搭好的“建筑”上。宇哲站起来走到材料箱旁边，观察了一会儿，然后从箱子里取了两个茶叶盒递给嘉欣：“送给你们两个垃圾桶。”嘉欣接过说：“太好了，房子里确实需要垃圾桶。”接着宇哲又从箱子里拿了好几个茶叶盒。

分析与解释：
指导与对策：

总结提升

结构游戏是一种非常有意义的活动，对发展幼儿想象力、审美能力、体力、情商等，以及促进幼儿全面发展有着重要的作用。保教工作者对幼儿结构游戏的指导应注意以下几点：

（1）鼓励幼儿多与同伴沟通合作。鼓励幼儿和其他小朋友玩耍，促进幼儿社会性发展。

（2）创设富有情节的游戏，使结构游戏更丰富。

（3）为幼儿提供自由、互助的建构环境。结构游戏的过程就是幼儿动手动脑，创造性地、自由地再现物质形象的过程。保教工作者应提供自由、互助的建构环境，在建构的过程中，以同伴的身份介入游戏，引导幼儿充分利用区域里的材料，使搭建的作品更丰富。

任务三　3～6岁幼儿表演游戏观察、记录与评价

情境导入

观察记录：

“兔妈妈出门时对小兔们说了什么？大灰狼第一次来是怎么做的？兔妈妈是怎么敲门的，唱了什么？兔妈妈回来了，小兔们是怎么做的？大灰狼第二次来是怎么学兔妈妈敲门唱歌的？小兔们没有给大灰狼开门，想了什么办法赶走大灰狼？”

游戏开始前，幼儿在教师的问题提示下复述掌握了故事中的角色对话。然后，由教师扮演大灰狼，保育阿姨扮演兔妈妈，幼儿分成三组分别扮演长耳朵、短尾巴、红眼睛。幼儿的积极性被完全调动了起来，当教师扮演的大灰狼去敲小兔子的门时，他们都紧紧地推着门，不肯开，像是自己真的成了童话故事里的小兔子，真的有大灰狼来敲门一样。表演结束后，教师及时把故事延伸到现实生活中：当宝宝自己一个人在家的时候，如果有人来敲门，说是你妈妈的朋友，你会怎么做？

思考答疑

1. 尝试分析幼儿的游戏行为。
2. 根据该托育教师的观察记录，试分析幼儿表演游戏的观察要点是什么。

知识点拨

表演游戏，幼儿创造性游戏的一种，是指幼儿按照童话、故事等文学作品的内容，扮演其中的角色，并运用语言、动作和表情等表演形式，创造性地表达对文学作品的理解的一种游戏活动。

一、幼儿表演游戏的特点

（一）中班表演游戏的特点

（1）能完成分配角色的任务，但角色更换的意识不强；

（2）游戏的目的性较差，需要保教工作者适时提示才能坚持游戏主题；

（3）游戏的计划性差，开展游戏需要较长的时间；

（4）表演以一般性表现为主，以动作为主要表现手段。

（二）大班表演游戏的特点

（1）能独立完成角色分配任务，并有很强的角色更换意识；

（2）游戏的目的性、计划性较强，能根据表演主题进行游戏；

（3）具有一定的表演意识，但尚待提高；

（4）具备一定的表演技巧，能灵活运用多种表现手段，但表现水平尚待提高。

二、幼儿表演游戏的观察要点

（一）游戏前

（1）幼儿是否对表演游戏感兴趣；

（2）幼儿的兴趣点是什么（文学作品内容或者角色等）。

（二）游戏资源的使用

（1）是否能根据角色需要进行自我装扮；

（2）是否运用道具；

（3）是否积极主动地布置表演场景；

（4）使用了什么游戏材料；

（5）道具、服饰及场景是否有利于角色形象的塑造；

（6）是否会因为道具、场景、服饰而忘记表演。

（三）作品的理解与把握

（1）是否能理解作品的情节及发展脉络；

（2）是否能理解和把握角色的形象与特征；

（3）作品的还原度如何，是忠实于原作品，还是有所创编。

（四）表演与表现能力

（1）能否进行大胆、自信的表演；

（2）表演时使用的语言、表情、动作是否符合角色的特点；

（3）对角色形象是否进行了创意性表演。

（五）合作行为与规则行为

（1）如何选择并分配角色；

（2）角色分配中出现的分歧如何解决；

（3）能否与同伴协商分配角色；

（4）是否与同伴进行合作表演并坚持到底；

（5）在表演中是否存在矛盾和争执，是如何处理的。

实践演练

1. 请根据“幼儿表演游戏的观察要点”拟定一份行为检核表。

幼儿表演游戏观察、记录与评价表

班级：____________　　人数：____________　　填表时间：____________

项目	内容	幼儿表现（人次）				备注
		☺	√	△	×	
游戏前						
游戏资源的使用						
作品的理解与把握						
表演与表现能力						
合作行为与规则行为						
情况分析及改进措施						

填表说明：☺ 做得非常好　√基本能做到　△在成人或者同伴提醒下能做到　× 做不到（其他情况请在备注处填写）

2. 请根据表演游戏的片段描述，完成表演游戏检核表。

中班洋洋小朋友第一次担任巫婆角色，她从阅读区角拿来一本书当作巫婆的魔法书，从美术区角拿来一瓶颜料当作魔法药水，用皮球代替苹果，瞪大眼睛，发出“哈哈哈”的大笑声，提高嗓门儿，尖着嗓子说：“我要把你毒死，我才是世界上最美的人！”然后，她用魔法药水涂抹苹果，又继续发出“哈哈哈”的笑声……其他小朋友看到巫婆的角色表演起来这么有趣，争抢着要扮演巫婆。洋洋嘟着嘴说：“我还没有演完呢！你们不要着急，等我演完，行不行？！”孩子们吵了起来，都要等洋洋演完后自己先来演。洋洋说：“你们别吵了，轮流演吧！”

表演游戏行为检核表

姓名：__________　　年龄班：__________　　填表日期：__________

表演游戏		洋洋				备注
		☺	√	△	×	
游戏前	对表演游戏感兴趣					
	幼儿的兴趣点是作品内容					
	幼儿的兴趣点是角色					
游戏资源的使用	能根据角色需要进行自我装扮					
	运用道具					
	积极主动地布置表演场景					
	道具、服饰及场景有利于角色形象的塑造					
	因为道具、场景、服饰而忘记表演					
作品的理解与把握	能理解作品的情节及发展脉络					
	能理解和把握角色的形象和特征					
	能够忠实于原作品					
	对原作品有所创编					
表演与表现能力	进行大胆、自信的表演					
	表演时使用的语言、表情、动作符合角色的特点					
	对角色形象进行了创意性表演					
合作行为与规则行为	能合作选择并分配角色					
	能与同伴进行合作表演并坚持到底					
持续时间	5 分钟以下					
	5 ～ 10 分钟					
	10 分钟以上					

填表说明：☺ 做得非常好　√基本能做到　△在成人或者同伴提醒下能做到　× 做不到（其他情况请在备注处填写）

总结提升

表演游戏是幼儿根据文艺作品的内容进行表演的游戏，是为幼儿自娱而进行的。表演游戏可以发挥文艺作品的教育作用，培养幼儿对文艺作品的兴趣，加深幼儿对文艺作品的理解，促进幼儿创造性的发展和语言能力的发展，增强幼儿集体观念。

保教工作者对幼儿表演游戏的指导应注意以下几点：

（1）选择适合于幼儿表演的文艺作品。保教工作者应选择情节简单生动、角色个性鲜明、对话有明确间断的文艺作品作为表演游戏的剧本。

（2）要帮助幼儿熟悉文艺作品。只有在熟悉作品的基础上才能表演。保教工作者可通过口头讲故事或放录音给幼儿听，使幼儿熟悉故事。可给幼儿分析作品中的形象。当幼儿对故事熟悉到一定的程度，能把故事中的对话表述出来时，就可以开始组织表演游戏了。

（3）保教工作者要和幼儿一起准备表演用的道具、头饰及表示动物特征的标记。让幼儿自己动手剪剪、缝缝，既可使幼儿学到劳动的技能，又可提高幼儿参加表演的兴趣和积极性。

（4）保教工作者要帮助幼儿组织游戏。

课后巩固

课后提升

去托育机构实习期间，选取一种游戏类型进行观察，完成观察记录。

拓展资源

教师语言在幼儿游戏指导中的运用

幼儿游戏的实践表明，教师介入指导游戏可以提升游戏质量和游戏水平，充分发挥游戏的教育价值，促进幼儿多方面的发展。

教师在幼儿游戏中所使用的语言是非常丰富的，而不同语言在游戏中所起的作用也是不一样的。根据提问目的和方式的不同，可以将教师的语言分为七类。

（1）询问式语言。比如，“家里除了爸爸妈妈以外，还有谁?”。询问式语言一般以疑问句的形式出现。教师借助询问式语言把幼儿面临的问题情境描述出来，把需要解决的问题摆在幼儿面前，让他们思考并寻找解决途径，起到促进游戏情节发展的作用。

（2）建议式语言。教师在观察的过程中，当发现幼儿在游戏中情节发展停滞不前或出现困难时，不应给予直接的指导，而应采用建议的方式，比如，当发现一个幼儿试图把娃娃放在堆满东西的桌上而不方便摆弄玩具时，教师可以建议：“我觉得如果放在旁边会更好。”

（3）澄清式语言。幼儿的游戏是对现实生活的反映，但幼儿年龄小，对事物的理解可能存在偏差，有时候由于不太理解社会规则，或者模仿了社会中的一些不良现象，会在游戏中表现出一些不符合规则的游戏行为。据此，教师就可以引导幼儿讨论，澄清幼儿对事情的认识，帮助其形成正确的观念。

（4）鼓励式语言。鼓励式语言就是教师通过鼓励或表扬的方式，激励幼儿把游戏行为继续进行下去或推向深入。

（5）邀请式语言。幼儿的发展水平是不一样的，性格也是有差异的。比如，有的幼儿偏内向，或者社会性发展水平较差，不知道如何加入同伴游戏，总是一个人玩耍，很少主动发起交往，或者在游戏中往往处于配角的位置。这时教师可以运用邀请的方式，使他们体验到参与游戏的乐趣，并逐渐学会如何加入别人的游戏中、如何与他人展开交往，比如，“我们一起去超市买东西吧！”。

（6）角色式语言。教师以角色身份参与到游戏中，使游戏情节更为丰富和深入地开展。需要注意的是，教师在扮演角色和参与游戏时应自然，不要露出“导演”的痕迹。

（7）指令式语言。当幼儿在游戏中严重违反规则或做出一些危险举动时，教师要立即通过明确的指令性语言制止其行为，比如，“不能这样”“赶紧停下来”等。

考核评价

评价阶段	评价内容	佐证	教师评价	学生自评	学生互评	平台评测	是否达标（达标√ 未达标×）
课前自学	“学堂在线”完成度	平台数据					
	自学自测	完成测试题					
课中实训	访谈提纲设计	能够设计访谈提纲					
	幼儿游戏行为检核清单设计	能够设计幼儿游戏行为检核清单					
	幼儿游戏行为观察记录	会用观察记录法记录					
	幼儿游戏行为观察分析报告	能够撰写分析报告					
	指导策略	能够提出指导策略					
	科学的儿童观、评价观	能够科学评价儿童					
	问题意识、研究意识	能够发现问题，研究问题					
课后巩固	课后提升	平台数据					
	拓展资源	平台数据					

参考文献

［1］周念丽 . 0 ~ 3 岁儿童心理发展［M］. 上海：复旦大学出版社，2017.

［2］张明红 . 0 ~ 3 岁婴幼儿语言发展与教育［M］. 上海：华东师范大学出版社，2020.

［3］王烨芳 . 学前儿童行为观察与分析［M］. 南京：江苏教育出版社，2012.

［4］刘芳，张潺 . 幼儿行为观察与分析案例教程［M］. 北京：人民邮电出版社，2020.

［5］唐敏，李国祥 . 0 ~ 3 岁婴幼儿动作发展与教育［M］. 上海：复旦大学出版社，2017.

［6］叶澜 . 教育研究及其方法［M］. 北京：中国科学技术出版社，1990.

［7］张敏强 . 教育与心理统计学［M］. 3 版 . 北京：人民教育出版社，2010.

［8］郑日昌 . 心理测验与评估［M］. 北京：高等教育出版社，2005.

［9］华国栋 . 教育科研方法［M］. 南京：南京大学出版社，2000.

［10］张宝臣 . 学前教育科研方法［M］. 3 版 . 上海：复旦大学出版社，2020.

［11］刘晶波 . 师幼互动行为研究：我在幼儿园里看到了什么［M］. 南京：南京师范大学出版社，1999.

［12］王振宇 . 儿童心理发展理论［M］. 2 版 . 上海：华东师范大学出版社，2016.

［13］李季湄，冯晓霞 .《3 ~ 6 岁儿童学习与发展指南》解读［M］. 北京：人民教育出版社，2013.

［14］杨枫 . 学前儿童游戏［M］. 北京：高等教育出版社，2019.

［15］赵红月 . 大班幼儿户外活动现状调查［D］. 大连：辽宁师范大学，2015.

［16］唐利平 . 学前儿童心理与发展［M］. 贵阳：贵州大学出版社，2015.

［17］曲苒，李明军，陈卿 . 学前儿童心理发展［M］. 北京：教育科学出版社，2014.

［18］丁海东 . 学前游戏论［M］. 济南：山东人民出版社，2001.

［19］杨丽珠 . 取样观察法：观察法（一）［J］. 山东教育，1999（15）：11-12.

［20］张小山 . 对社会科学观察的客观性的再认识［J］. 理论月刊，1997（2）：28-31.

[21] 姚有华，冯学山.观察法 [J]. 上海预防医学杂志，2003 (11)：540-541.

[22] 王月霞.观察法在幼儿游戏指导中的运用 [J]. 教育导刊（幼儿教育），2006 (10)：23-25.

[23] 俞伟.幼儿教育科研方法：观察法 [J]. 早期教育，1989 (1)：18-19.

[24] 李洪曾.怎样进行数据登录与整理 [J]. 山东教育，2002 (9)：10-11.

[25] 陈萍.浅谈师幼互动的意义 [J]. 学前教育（幼教版），2003 (10)：29.